U0612505

养猫是一件正经事！

——我的猫咪养育全攻略

古晓燕 ———— 著

SPM
南方传媒 广东人民出版社
·广州·

图书在版编目（CIP）数据

养猫是一件正经事！：我的猫咪养育全攻略 / 古晓燕著. -- 广州：广东人民出版社，2025.4. -- ISBN 978-7-218-18307-7

Ⅰ.S829.3

中国国家版本馆CIP数据核字第2025UA3765号

YANG MAO SHI YI JIAN ZHENGJINGSHI! ——WO DE MAOMI YANGYU QUANGONGLUE

养猫是一件正经事！——我的猫咪养育全攻略

古晓燕 著

出　版　人：肖风华

责任编辑：钱飞遥　李　娜
责任技编：吴彦斌
营销编辑：邓煜儿
特约审校：何而迪　全心全意宠物医院
封面设计：飞尧@样本工作室
版式设计：李　一

出版发行：广东人民出版社
地　　址：广东省广州市越秀区大沙头四马路10号（邮政编码：510199）
电　　话：（020）85716809（总编室）
传　　真：（020）83289585
网　　址：http://www.gdpph.com
印　　刷：广东信源文化科技有限公司
开　　本：787mm×1092mm　1/16
印　　张：10　字　　数：140千
版　　次：2025年4月第1版
印　　次：2025年4月第1次印刷
定　　价：68.00元

如发现印装质量问题，影响阅读，请与出版社（020-87712513）联系调换。
售书热线：（020）87717307

养猫是一件 正经事

养猫是一件　正经事

壹 — 猫咪养育

准备篇

贰 一 猫咪养育

实操篇

叁 — 猫咪玩耍

互动篇

壹
一

猫咪养育

— 准备篇 —

养猫是需要认真对待的一件事

养猫的前提只有一个：负责到底。

温存和顺、手感好、嗲声嗲气、可以用来排遣寂寞、软糯易推倒……无论你脑子里想的是什么，快醒醒，这不是你假想中的女、男朋友，更不是真正意义上的猫。本质上，猫这种动物，和老虎同属一科。画面一换，是不是立即打了个激灵？

基本上，当你拥有了一只猫，你就过上了"被奴役"的生活，除了要照顾它的大小便、起居饮食、防疫治病之外，还得忍受它时不时的冷漠脸、发脾气时的"魔法"攻击、极度洁癖却又不肯洗澡的怪癖、从高处猛跳下来落在你肚皮上的压力测试、满屋子棉絮一样挥之不去的猫毛、新沙发被抓得千疮百孔时的不忍目睹……还有，睡觉时脸上被一个不知道啥时候便便完，却没有擦拭的毛屁股压着……甚至，时不时收到小蟑螂、小老鼠等惊喜（惊吓）礼物。

所以，如果你没有做好充分的心理准备，特别是金钱准备的话，真的，我劝你别轻易养猫。不忠诚、情绪多变、服从性差、脾气不好、对人冷漠无感情、不卫生……停！这其实也不是真正意义上的猫，这只是聪明但不绝顶的猫给自己画的一张皮。因为相较其他动物，猫是一种慢热、细腻、共情力强、情绪门槛高、缺乏安全感、又有那么一点傲娇的动物。

如果你害怕漫无边际的交际、享受独处，却又希望有所依偎、被需要、可分享，又或者你白天八面玲珑谈笑风生，回家后心累、脑累，只想有个有趣的灵魂在

一旁安静地陪你放空、歇息，那么条件允许的话，养只猫是最优解。毕竟结婚生娃的前提可能有很多，但养猫的前提只有一个：负责到底。

好的，下定决心带回来一只小奶猫，或者救回来一只马路天使，抱进家门，然后呢？放哪？给它吃啥？羊奶还是牛奶？什么时候换猫粮？怎么训练上厕所？它不停喵喵叫是害怕、生气、不满意、激动，还是纯粹宣示下主权？钻进沙发底要怎么逗它出来？指甲怎么剪？黑下巴怎么办？耳朵要掏吗？真的不用洗澡吗？晚上睡觉怎么办？要不要绝育？麻醉的方法怎么选？撸猫的十八样式是什么？

…………

无论你是对猫避之唯恐不及，还是心痒痒正准备带回家一只，抑或已经在被猫大王奴役当中，现在都可以沐浴更衣焚香净手翻开下一页，解锁这本"喵星"秘籍，助你横行霸道"银河系第十大行星"，喵！

毕竟，没有不好撸的猫，只有不会撸的人。

你适合养什么猫？

养猫之前的灵魂拷问

Q1 **你的基因容得下猫吗？**

　　"吸猫"有益健康，但真的不是每个人都受得起这份幸运，首先得看看你的基因是否允许你养猫。据猫友圈的不完全统计，大概有 30% 的人会对猫过敏，但这种过敏，并不是坊间认为的猫毛过敏，而是猫皮屑与猫蛋白过敏，这两种物质非常微小，会随着猫毛四处飘散，"铲屎官"通过呼吸道吸入后，就会引发过敏症状。症状包括但不限于皮肤荨麻疹、过敏性结膜炎、打喷嚏、流鼻涕、鼻塞、咳嗽，甚至可能引发哮喘。

　　要知道自己会不会对猫过敏，最科学的办法是去医院做过敏原检测。如果嫌麻烦，可以先带着抗过敏药去猫密度较高的宠物店、猫咖，与众多猫咪亲密接触一下，如果出现了过敏症状，那么只能说一句"施主，无缘"。如果过敏症状时断时续，例如只对某只或者某种类型猫过敏，对其他猫完全没有反应（这也是很常见的现象，因为每只猫的"致敏物含量"不一样），这个时候，建议去医院做一个过敏原测试（血清 IGE 检测），如果结果显示对猫过敏，那么还是只能感慨一句"命中注定无猫"。

　　但如果你还是不死心，真的无猫不欢，哪怕有一些过敏症状也非常渴望拥有一只猫，那么需要付出的努力与代价就不是一点点，你需要：

- 更换家中所有的地毯、布艺沙发、皮沙发、玩偶等容易粘附微小颗粒的家具，杜绝猫皮屑和蛋白的残留；
- 每日坚持吸尘等大扫除；
- 坚持戴口罩撸猫；
- 家中常备过敏药，如果是易出现哮喘类症状，还必须随身携带治疗用的激素类喷雾。

从个人的健康及猫的生活质量看，特别不推荐过敏体质的人养猫，毕竟养猫和谈恋爱一样，"勉强没幸福"。

 富养 or 穷养?

新型败家有三种：创业、裸辞和养猫。很多人以为养只猫，不过就是一顿猫粮再加一个猫砂盆的事情，能贵到哪儿去。非也。有些猫天生皮实耐造，生存和适应能力较强，不怎么操心也从没有病痛；也有些猫天生娇贵，一旦照顾不当就很容易生病，让"铲屎官"们有操不完的心。概率上来说，越是纯种的名猫，某些遗传性问题发生的可能性就越高，因此也就身体娇贵易得病，越是杂交得比较厉害的"田园猫"，身体越结实。下面先按照国内一二线城市里主流的养猫"习俗"，给养猫费用做下梳理划分，准"铲屎官"们可以根据自己实际情况判断一下：

◎ **保健医疗类**

新猫回家，至少得全身体检，并按照月龄上防疫针，从最基础最核心的狂犬病疫苗到猫三联（猫瘟、猫鼻支、猫杯状病毒病），再到高阶的防螨虫、防猫艾滋、防猫传腹、防衣原体感染等。疫苗也分国产与进口，这两者之间价格有约十倍的差距。此外，还有很多猫咪常见的小毛病，例如腹泻、长耳螨、打喷嚏（没看错，猫也会过敏！）、皮疹掉毛……有这些症状的猫去一次宠物医院，一轮检查加治疗下来，没有大几百上千元人民币，"铲屎官"基本出不了宠物医院的门，对了，宠物医院还不能刷医保。

部分名种猫容易带有的"公主病"

折耳猫

天生有基因缺陷，容易患上心脏病、呼吸系统疾病

布偶猫

易得肥厚性心脏病、多囊性肾病、消化系统疾病

斯芬克斯

易得皮肤病、先天性心脏病

加菲猫

易得眼部疾病，鼻子四周发炎

暹罗猫

软骨骨化发育异常，易得呼吸系统问题

◎ **猫粮**

从给猫吃剩饭到给猫做猫饭，从国产商品粮到进口天然无谷物粮，猫粮的讲究千变万化（详见第 4 章内容），价格也千差万别。吃得不好，猫猫容易出现各种消化系统疾病、泌尿系统疾病、皮肤病，不仅"铲屎官"面临高昂的医疗费，小可爱也很遭罪，所以绝大部分"铲屎官"，宁愿自己吃粥啃面包，也不舍得让主子吃半点苦。要养猫，可得做好心理准备：每年双 11，别人给自己囤货，你在买特价猫粮。

◎ 猫用品

实话实说，大部分猫用品都不是猫需要，而是"铲屎官"需要。例如好看的猫屋、漂亮的小衣服、小铃铛、各色可爱的猫碗和自动喂食机等。养猫前，很多人会说"没必要我就不买啊"，但一旦拥猫入怀，你的线上购物车里，就几乎全都是与猫相关的一切，还不停在脑海中幻想"这个我家猫用一定超级可爱！必须有！"但话说回来，有一类日常用品，的确是猫需要的：猫牙刷和牙膏、猫指甲钳、逗猫棒、猫抓板等消耗品。

◎ 房屋及家具改造

养猫要封窗，几乎已经是"铲屎官"们的共识，因为"喵星人"有一个共同的特性：好奇心爆棚，对所有飞过的小生物都有一种"非抓住不可"的求胜欲。当阳台、窗外突然飞过一只蝴蝶或者小虫子，天生捕猎手的"喵星人"必然忍不住跳起来捕捉，压根不会考虑外面是大花园，还是十几层楼高的高空。另外，猫猫中也有一些"世界那么大，我就想去看看"的好奇宝宝，导致每年都有无数离奇的猫坠楼事件发生，所以，封窗、封阳台的费用得预备好。此外，沙发、床脚的更换速度也得跟上，市面上卖的磨爪子玩具不是不好，也未必不好玩，但对猫来说，一定没有抓沙发和抓床脚好玩。

常见猫品种、特点及其适合人群

就像人分不同类型人格，或外向或内向，或"i"人或"e"人，猫咪也分不同的品性，从概率上来说，不同品种的猫的确在与人的情感交互上有不同的表现。

◎ 英短蓝猫——敦厚可爱手感佳

英短蓝猫以厚实、圆润的体型著称，毛发短而密，手感极佳，通常为蓝灰色。它们的眼睛又大又圆，呈铜色或金色，整体看起来非常可爱。性格特别温顺且独立，适应力强，喜欢和主人共享同一空间，但不会过于黏人。它们安静乖巧，不会无故喵喵叫。

适合人群：适合生活规律、喜欢安静的家庭。由于它们不太喜欢被频繁抱起，所以也很适合欣赏猫猫独立性的人哦。

◎ 折耳猫——粘人温柔大使

安静软糯易扑倒，不对，推倒。折耳猫天生携带骨骼基因缺陷，软骨发育不良，因此体质相对较弱，患病概率较高。从性格上来说，它们非常黏人和温顺，尤其是凉爽或寒冷的季节，几乎只要你坐下，大腿上就"自动生出"一只猫，发出呼呼的声音。你需要担心的是：当你着急上厕所时，是否舍得搬开这个柔软温暖的毛团。

适合人群：喜欢被依赖、缺爱、肌肤接触需要强、怕冷且不怕麻烦的人群。在有条件的情况下，可以通过动物收养机构或救助途径收养折耳猫。

◎ 布偶猫——翩翩美少女（或少年）

布偶猫属于人工选育的品种，最早在 20 世纪 60 年代培育出来，融合了多种长毛猫的特征，长相基本就是人见人爱的类型。布偶猫待在家里就好像一个毛娃娃，心态淡定，无论是熟人还是陌生人，都不会轻易伸爪，即使家里有其他小动物，也能和平相处，不会争锋吃醋，主打一个"怡然自得"。照顾得当的话，抚摸它的毛发就像抚摸爱人的长发，那叫一个柔顺丝滑。

适合人群：颜控、对毛茸茸和温柔气质完全没有抵抗力的人。

◎ 美短——活泼乱跳家中老幺

有人把美短誉为国外的田园猫，可以与我们的中华田园猫媲美。美短是个好奇宝宝，精力旺盛，喜欢在家里上蹿下跳，时不时还会做一些调皮捣蛋的事，例如把小手伸进你的水杯里（刚刨完猫砂洗个手），或者把你放在桌子边缘的易碎物品轻轻一拨落地，又或者在你被编辑催稿子正用电脑"搬砖"的时候，给你按个 Delete 键之类。但它那对圆圆的、水汪汪的大眼睛，以及做错事后主动用脑袋蹭你的样子，只会让你怒气顿消，轻轻捏着它的小圆脸蛋说："下次不可以啰。"此外，它们还是抓蟑螂或者小爬行类动物的高手。

适合人群：害怕寂寞、强感情互动需求、家中有除害虫需求的人。

◎ 暹罗猫——忠诚的挖煤工

暹罗猫因其面部的黑毛被称为"挖煤工"，这种猫源自泰国（旧称暹罗）。无论身体是白色、灰色还是灰蓝色，它们的脸部通常都是黑色的，那对蓝宝石般的大眼睛，闪烁着聪明与忠诚。暹罗猫也是训练成就感较高的猫，能听懂"铲屎官"的一些指令，配合度较高，江湖号称"好养活"，是不挑食的乖宝宝。

适合人群：能欣赏脸黑的高级感、从养狗过渡到养猫的人。

挪威森林猫——耐寒怕热森林卫士

看外貌就知道这猫天生怕热，看看它身上那茂盛的长毛，拍个特写一不小心以为拍了个小狮子。性格上有点内向，猫中"i"人，爬树高手，特别喜欢大冒险。由于祖先生活在森林里，所以它们对居住环境也是有不少的要求，最好是养在有庭院的家庭或者大别墅里。

适合人群：喜欢长毛猫（每天得梳毛）、害怕吵闹、宅子够大的人。

◎ 中华田园猫——皮实独立小护卫

比起"土猫"二字，"阿狸"二字更衬得上它的百变与可爱。其实中华田园猫有许多的分支，例如大橘、奶牛、三花、玳瑁等，还包括长毛的山东狮子猫。作为在大中华地区生活了几千年的土著猫，之前十几二十年人气一直比不过那些"卖萌"的洋猫，但最近，越来越多的人发现了田园猫的优点：活泼、独立、爱干净、捕鼠能力强！而且因为杂交品种多，所以一般来说身体也比较结实。主打一个除了可以撸，还兼具家庭小卫士的实用功能。

它们还是目前唯一被CFA（Cat Fanciers' Association，国际爱猫联合会）认可的中国本土自然品种。田园猫个性很是独立，大部分临终前，会选择自己默默找个地方躲起来，独自离开。因此，"铲屎官"们，养田园猫真的一定要做好封窗，确保猫咪的安全。

适合人群：喜欢透过现象看本质，能接受猫有自己的独立生活且欣赏其捕猎习惯的人。

◎ **孟加拉猫——肌肉小豹子**

孟加拉猫以其独特的豹纹或者斑点被毛而闻名，从外观上看，野性十足，体型从中等到大型，肌肉线条发达，四肢修长，和常见毛茸茸的猫走卖萌路线完全不同。它们精力特别充沛，活泼好动，没事就喜欢攀爬和探索，因其活动量大而被称为"猫界哈士奇"，不仅需要充足的活动空间，更需要充分的互动。

适合人群：有时间有精力与猫互动、热爱活泼好动型动物的人，不太适合老年人或者安静的人。

我不是虎！

◎ 缅因猫——霸气小狮子

缅因猫是大型猫种，具有浓密的双层被毛，特别能耐寒。它的耳朵又大又尖，周围还有一圈非常明显的耳饰毛，再配上它庞大的体型，故被誉为"小狮子"。别看缅因猫体格庞大，个性其实非常温和友好，无论是对"两脚兽"还是其他动物都相当包容，它们体格健壮、适应性强，喜欢参与家庭活动，但又不会过分黏人。

适合人群：有足够空间的家庭，能接受定期梳毛打理、有多只宠物的人。

◎ 无毛猫——古灵精怪的 ET

一般人可能欣赏不来无毛猫，它们不像普通的猫咪，身上没有毛茸茸的毛发，皮肤通常为粉红色或其他单色，眼睛大，耳朵也特别大，外形上像科幻电影里的外星生物。但是无毛猫的性格外向，也是个好奇宝宝，智商还很高，非常喜欢与人互动，是典型的"伴侣猫"。也因为它们缺乏被毛覆盖，所以它们喜欢温暖的环境，非常依赖人类的温暖和爱护。

适合人群：能欣赏无毛猫的长相，而且愿意帮它们定期清洁皮肤和满足其保暖需求的人。

当然，以上的分类并不百分之百准确，无论哪个品种，都会有不同性格的猫存在。养猫就像谈恋爱，有些人喜欢找互补的，有些人喜欢找相似的，并非"i 人"（内向的人）就非要配"e 猫"（外向的猫），可以"i 人"和"i 猫"（内向的猫）一起每日安安静静思考人生，也可以"e 人"（外向的人）和"e 猫"一起在家里闹腾欢笑，最佳的选择方式，也许是走到猫面前，看看它会不会选择你做它的"铲屎官"。最合适的猫，会让你在众多猫中立即对上眼、撸上手，最浪漫的邂逅，就是带上朴素的纸皮箱，看看哪只猫主动跳进你的箱子吧！

养猫的环境准备

基本用品准备

就像家里突然有个新成员、新客人要来，无论是新生宝宝、好友，还是远房亲戚，是不是都得提前准备一些生活必需品？更何况要迎来一只毛茸茸、有点怕生又充满好奇心的猫，购物清单必须列起来！

◎ 食物

作为欢迎毛孩子到家的第一步，肯定得准备健康又美味的口粮。但就像人类婴儿在不同成长阶段需要相应的奶粉和辅食一样，猫咪的饮食也要根据其年龄来调整。不同年龄的猫咪在营养需求、消化能力和身体状况上都有所不同，因此需要为新到家的猫咪依据其当时的年龄，选择不同的口粮。

由于是新猫到家，不确定猫粮的适口性，也就是猫猫的口味如何、身体反应如何，所以建议买最小包装的，觉得合适后再买家庭装。具体猫粮的选择，详见本书第 4 章内容。

- 0~3 个月的小奶猫，得费心准备好猫咪配方奶粉或者羊奶；
- 3~12 个月的猫，准备幼猫粮；
- 12 个月 ~7 岁的猫，准备全阶段猫粮，并根据猫猫的不同种类和基础身体情况来选择不同功能的全阶段猫粮；
- 7 岁以上的猫，准备老年猫粮，特别要注意老猫的身体情况，例如有没有肠胃疾病、泌尿系统疾病、心脏病等，目前市面上都有针对慢性病调理的老年猫粮。

◎ 猫碗

一款高度合适的猫碗，对养成猫猫良好的进食习惯非常重要。太高了猫够不着，太低了，它压着脖子吃饭的样子也让"铲屎官"心疼。而且猫碗要注意选择易清洗、无异味的，尽量避免购买橡胶或塑料质地的。友情提示：简单粗暴的不锈钢款是性价比之王哦！如果家中猫主子属于吃饭特别激动容易推翻饭碗的类型，还可以买个底座加强防打翻的碗。

◎ 猫饮水机

大部分的猫咪天生不爱喝水，但喝水对它们的身体健康非常重要，因此购买一款有趣的猫饮水机是"铲屎官"不可省却的开支。用常规的碗给猫猫喝水，小碗很容易变成废置的小水池，里面漂浮着猫毛或者灰尘，有时候还会变成猫主子刨完猫砂后的洗脚池。一款优秀的猫饮水机，不仅能持续制造流动的水源，有些还配有声音及小喷泉，吸引小猫主动喝水。当然，主人在选购的时候一定要注意它是否带有防漏电装置哦，确保猫咪的安全。

◎ 猫窝

此处的猫窝，并不单指购物平台上面那些设计新颖、可爱的猫屋。猫对于哪里是自己的窝，可是有很强的主见：一要安静的角落，二要隐蔽性强的地方，三要柔软舒适之处。

新猫到家都怕吵闹的环境，相比起在电视机旁或者过道边上的豪华"猫树屋"，可能在家中某个安静的角落铺上旧衣服毯子，更符合它们的脾性。毕竟有很多"铲屎官"已经用金钱验证过如下不愉快的事实：几百上千元的猫屋，最后变成了放置杂物的架子，被猫"宠幸"的频次，还不如用过的快递盒。所以，猫窝的选择，最重要的还是要符合猫咪内在天性：选择安静、安全、隐秘性强的地点。毕竟猫猫是一种特别注重隐私的动物，布置上，只要垫有柔软暖和的垫子就行了。

最后，过来人敲黑板强调：猫是不需要盖被子的！在一个暖和的垫子上蜷缩成团，就是它们最好的保暖方式。

生活环境布置

从养猫第一天起，"铲屎官"和"喵星人"就要共享一片屋檐了，猫虽小，但对居住环境也是有自己的要求的，一些小小的改造与布置，可以让彼此的生活更加和睦、安全。

◎ 封窗

要不要封窗、能不能让猫自由出入家中，一直是养猫界争论不休的话题。"自由派"认为，追求自由与野性是猫的天性，我们爱它，就不能圈养它，应该给它们足够的自由；"安全派"则认为，确保家中猫咪的安全，是身为猫主人义不容辞的责任，爱它就要保护它。

诚然，猫天性爱自由，或者说，大部分的动物都爱自由，但前提是生活在大自然当中——那里没有高楼大厦，没有呼啸而过的车辆，也没有人为投放的毒鼠药。如果你有幸生活在一个不受都市喧嚣打扰的大森林中，拥有一座安静独立的小木屋，并被清新的空气环绕，那么，您可尝试遵循"自由"的状态养猫，与家中的猫儿共同探索大自然的美丽。但如果你生活在城市的高楼大厦、车水马龙之中，那么，还是建议您在家中为可爱的猫咪营造一个安全、舒适的生活环境，以帮助它们适应城市生活。

虽然没有完整的数据统计，但因为家中没有封窗，被窗外飞过的小虫子、小飞蛾吸引一跃而下，意外身亡的猫咪数量不在少数，不要觉得自己的猫猫胆小就抱有侥幸心理，俗话说"好奇害死猫"，好奇心是猫猫所有特质中最突出的一个，哪怕是 10 岁以上的老猫，也不乏因为好奇心爆发而突然坠楼的。

为了通风，家中封窗的同时可以安装坚实的防蚊纱窗，既可防猫猫坠楼，也可保持室内空气流通，因为窗上会沾有许多猫毛，所以要注意每周清洗，以免清风徐来之际，满嘴满脸都是绒毛。平时开门出入家中，也要留意小猫不要从脚边溜出去，可以考虑在大门外加装一扇纱门。

◎ 易碎品入柜

有猫的话，家中好看的花瓶、精心挑选的马克杯、水晶红酒杯、世界各地收集回来的纪念品等易碎物品，都得放到带门且能关闭的柜子里。猫天生喜欢把东西拨到地上，那只毛茸茸的小手一挥，家中碎片一地。也不要幻想把易碎物品放在高处或者靠墙的置物架上就没事了，猫的跳跃能力和攀爬能力，不是狗能够媲美的。现在，请脑补一下如下画面：趴在冰箱顶部的猫、跳上吊扇的猫、行走在天花吊顶的猫，还有悬挂在窗帘头的猫。

温馨提示：千万不要使用钩花质地的窗帘，否则你每天都能收获一只指甲勾在窗帘上、喵喵叫的猫。

◎ 沙发脚改装

"自从养了猫，我坐起了小木凳"，这不是一句玩笑话。猫喜欢沙发，无论是皮质的还是布艺的。除了窝在上面，它更喜欢咬抓沙发脚，因为抓挠是猫的本能。猫抓板？不，在猫猫的眼里，世上没有一款猫抓板会比沙发脚更好抓（咬）。如果不想家中出现四肢破损、寒碜不已的沙发，建议购买木凳使用。但如果家中已经有了名牌沙发、红木酸枝等名贵家具，实在不好更换，强烈建议购买麻绳，对沙发脚进行包裹大改装，以防止遭受猫的猛烈攻击。

对于布艺沙发，可以使用沙发套或者特制的防猫抓罩。但如果你的猫喜欢在沙发靠背上伸懒腰，就是伸长爪子那种，那么，真的，你只能听着沙发皮破裂的声音，安慰自己"时不时换个沙发，也是提高生活情趣的方式"。毕竟你凶它时，它嗲声嗲气地叫一声，最后你也只能当没事发生。有耐性的主人，也可以参考本书第三部分的内容，好好训练主子去该去的地方磨爪子。

◎ 营造互动及游戏空间

猫猫天生喜欢攀爬和跳跃，家中可以设置一些置物架，让猫可以上下跳跃，满足它们的天性。同时，可以在家中设置一个小区域，放置猫猫的玩具，例如球、激光笔等，让猫猫可以在安全范围内尽情玩耍。

◎ 植物安全性盘点

如果家中原本养了很多绿植和花卉，在决定养猫前，也需要做一番检查，因为有不少植物对猫咪来说是有毒的。

绣球花：绣球花含有氰苷，这种物质在猫咪的消化道内会被分解生成氰化物。好奇猫猫如果不小心咬到绣球花，可能会出现呕吐、腹泻、昏睡、食欲不振等症状。严重的可能会导致呼吸困难、抽搐、昏迷，甚至死亡。

杜鹃花：杜鹃花中的有毒成分为格兰毒素，猫在食用后可能会出现口腔炎症、呕吐、腹泻、流涎、食欲不振、心律不齐、低血压等症状。严重时可能导致昏迷和

都是些什么！

死亡。杜鹃花在家庭中很常见，猫咪若误食，即使是少量，也应立即就医。

百合花：百合花对猫咪极具毒性，其所有部分（包括花朵、叶子、茎、根、花粉和水）对猫都有剧毒，即使少量摄入，也会对猫咪产生严重影响。摄入百合后，猫咪会在几小时内出现呕吐、嗜睡、食欲不振、过度流涎等症状，随后可能导致急性肾衰竭，尿量减少甚至无尿，最终可能致命。

水仙花：水仙花含有石蒜碱，鳞茎部分毒性最高。猫如果不小心咬了水仙花，会呕吐、流涎、腹痛、腹泻、震颤、心律不齐，严重中毒可能导致低血压和死亡。

夹竹桃：夹竹桃含有强心苷，其叶子、花朵和枝干部分对猫咪有毒。摄入后，猫咪可能会出现呕吐、腹泻、流涎、心律不齐、昏迷等症状，严重时可能导致死亡。

秋水仙：秋水仙含有秋水仙碱，这种物质对猫咪有剧毒。摄入后，猫咪可能会出现严重的胃肠道症状，如呕吐、腹泻，随后可能导致多器官衰竭和死亡。

曼陀罗：曼陀罗的有毒成分为莨菪碱和阿托品，其所有部分对猫咪有毒。猫咪误食后可能会出现瞳孔放大、精神错乱、痉挛，甚至死亡。

铃兰：铃兰的有毒成分为强心苷，其所有部分对猫咪有毒。摄入后，猫咪可能会出现心律失常、呕吐、腹泻、癫痫等症状，严重时可能致命。

风信子：风信子中对猫的有毒成分主要集中在鳞茎部分。摄入后，猫可能会呕吐、流涎、腹泻等，严重时可能引发震颤和心律异常。

郁金香： 郁金香含有郁金香苷，尤其是其鳞茎部分对猫咪有毒。摄入后可能会引发呕吐、流涎、腹泻等症状，严重时可能导致中毒。

芦荟： 芦荟中的有毒成分为蒽醌类化合物，尤其是其中的芦荟苷。人类可以食用芦荟或者用于美容护肤，但猫猫误食后可能会出现呕吐、腹泻、食欲不振和嗜睡等症状。严重中毒的情况下，可能会导致颤抖、昏迷，甚至出现血尿。

常春藤： 常春藤的有毒成分主要是皂苷和多酚酸类化合物。摄入后，猫咪通常会表现出口腔和胃肠道刺激症状，如流涎、呕吐、腹泻等，严重时可能出现呼吸困难、心律不齐甚至瘫痪。

还有一些常见的绿植，例如绿萝、万年青和龟竹背等，它们含有草酸钙等有毒物质，猫咪误食后可能出现口腔和胃肠道的刺激症状，如流涎、呕吐和吞咽困难。大部分菊科植物，如洋甘菊和小雏菊，虽然在驱蚊方面效果显著，但也对猫咪有毒，会引发呕吐、腹泻及过敏反应。

那么，难道养猫就不能养绿植了？非也，以下几种植物，对猫猫就非常友好了。

猫薄荷： 猫薄荷被誉为"猫界兴奋剂"，其含有一种名为荆芥内酯的物质，能散发出特殊的气味，对猫有极大的吸引力。猫咪接触或嗅到猫薄荷后，会表现出短暂的兴奋状态，出现打滚、蹭擦、扑咬等行为，但这种反应大多是短暂且无害的。猫薄荷对猫咪的健康没有负面影响，适量接触是安全的。其种植要求也不算高，有充足的阳光和良好的排水环境即可，适合种植在花盆中。

紫苏： 紫苏是一种有浓烈香气的植物，其叶子常用于烹饪和药用。猫咪接触或误食紫苏通常不会产生不良反应，因此紫苏是一种适合养猫家庭种植的植物，不会对猫咪的健康构成威胁。

迷迭香： 看来猫的确重口味，喜欢的都是有强烈气味的植物啊！迷迭香也是一种芳香四溢的植物，但相较于猫薄荷，迷迭香对猫咪的吸引力没有那么强。尽管它有强烈的气味，并且在烹饪中广泛使用。迷迭香对猫咪是无毒的，猫咪偶尔接触或误食迷迭香通常不会产生不良反应。因此，迷迭香不仅适合烹饪和装饰，也是猫咪友好的植物，适合在养猫的家庭中种植。

薰衣草： 薰衣草的香气让人类感觉舒缓，但猫对这种植物的反应因猫而异。虽然薰衣草通常不被猫咪所喜爱，猫咪也很少会主动去接触薰衣草，但它本身并不具备毒性，对猫来说还是安全的。薰衣草喜欢阳光充足、干燥的环境，适合种植在光照充沛的窗台或花园中。

猫草： 猫草通常指燕麦草、小麦草等谷物类植物，这些草不仅可以满足猫猫的咀嚼需求，猫草中的纤维还有助于促进猫咪消化，帮助它们清理肠胃，尤其是有助于排出毛球。猫草易于种植，适合放置在阳光充足的窗台上，只需每天浇少量水，保持土壤湿润，就能茁壮成长，是养猫家庭中的理想植物选择。

竹子： 真正的竹子对猫咪无害，可以放心在家中种植，比如说在庭院中作为篱笆使用。竹子象征着长寿和好运，其柔软的叶子有时会吸引猫咪去啃食，但不会对它们造成伤害。竹子生长需要充足的阳光和适当的水分。它适应性强，可以在室内环境中良好生长。不过，需要注意的是富贵竹虽然看起来像竹子，但对猫咪有毒。

这些好！

凤梨：凤梨科植物拥有鲜艳的颜色和独特的叶片形状，能够为家居增添热带风情。它对猫咪没有毒性，可以安全地放在家中，成为宠物友好的植物选择。

此外还有一些真蕨类植物，如波士顿蕨、鸟巢蕨等，也对猫猫无害。为了家中猫猫的健康，养猫前，请认真对家中的植物进行一场大盘点吧！

家中猫咪禁区的设置

尽管猫猫从表面上看，对家居环境和物品的破坏性比起狗子小（此处不特指哈士奇），但考虑到人和猫彼此的安全与健康，针对每个家庭成员的身体条件和情况，还是可以针对性地在家中设定一些"猫咪禁区"。

◎ 睡房

在许多影视作品或者社交媒体上，都能看到猫和人共寝的画面，可爱是可爱，温馨也的确温馨，但未必人人都能有福消受这种肌肤之亲。例如对猫过敏的人，或者是正在怀孕、备孕的准妈妈，以及还不会自主翻身、说话的新生儿。

猫蛋白是极小的颗粒，肉眼不可见，如果猫长期趴在床上，猫蛋白会吸附在床上用品上，如果家人当中有对猫过敏的人，会被激发过敏症状，如打喷嚏、流眼泪、皮疹，严重时还会诱发哮喘。

猫身上可能携带的对人类影响较大的寄生虫是弓形虫，弓形虫也是很多人认为"怀孕不能养猫"的罪魁祸首。从理论上说，家养的猫如果不是从小感染了弓形虫，身上一般不会携带弓形虫，而且现在有很多手段可以检测弓形虫，例如带猫去宠物医院做检测等，但毕竟猫每次便便完，都喜欢刨猫砂，而猫便便是弓形虫传播的主要媒介，就算不怕寄生虫，难道还不介意便便引发的卫生问题么？所以如果家中有准妈妈，还是建议不要与猫猫同床共枕。

另外，还有些猫猫夜里容易做梦，会突然跳起或者跑酷。成年人顶多被一个猫爪子打脸拍醒，而婴儿可能会被吓哭，甚至可能被抓伤。这种情况下，也建议把睡房设为猫禁区。

◎ 放置电器的危险角落

置放有洗衣机、热水器的入户花园或者生活阳台，或是用来摆放空调挂机的小阳台，又或者是长期挂机的宝贝电竞室……凡是这些配置了长期通电电器的家中空间，尽量都设为猫咪禁区。一台洗衣机一个月内被猫咬断四五次水管这种情况，属于屡见不鲜、根本上不了新闻的小事儿。最需要注意的是热水器的煤气管，家里白天长期没人的时候，"小坏蛋们"每天无聊得在家里各种磨牙磨爪子，若一不小心煤气泄漏，就为时已晚。

◎ 卫生间

如果不是把猫砂盆放在厕所，或者是你的猫天资聪颖学会了用马桶，那么建议你把人使用的卫生间也设立为猫禁区。原因非常简单，实在有太多的猫，喜欢玩马桶水，甚至喝马桶水了，这应该算是养猫界一大未解之谜。想到每天抱在怀里、亲在嘴边的小可爱，几分钟之前才在马桶里洗手、喝水，那画面实在太有味儿了。

除了上述区域，"铲屎官"们还可以仔细留意家中有什么危险角落。

◎ 禁区屏障物介绍

防猫钉：这种属于物理防猫工具，是塑料制成的一种带尖钉子的垫，主打一个让猫无处下脚。它有多种颜色和尺寸，可以根据家中实际需要购买，无须安装。这种防猫钉最大的缺点就是，有时候忘记拿走，"铲屎官"低头玩手机的时候自己一脚踩上去，那酸爽……

驱猫香薰：驱猫香薰是传说中的化学防猫的手段，大部分产品主打柑橘味、柠檬味，体积小且不占地方，可随处悬挂，使用方便，但对于这种人工合成的香薰，是否真的对人体与宠物无害，心中还是打上一个问号。

柠檬、柚子皮、黄瓜：猫不喜欢柑橘类的气味，已经不是一个秘密。那么比起人工合成的香薰，我们把纯天然的柠檬或者柚子皮放在禁区是不是真的有用呢？这得看自家猫的敏感度，毕竟见过猫把柠檬当足球玩的，也见过头顶柚子皮招摇过市的。至于黄瓜，也是猫界的一个玄学，的确很多猫见到黄瓜转身就跑，但，禁区那么大，得放多少黄瓜呢？

综上，禁区的设置，除了借助一些外力之外，在见到猫咪进入禁区的瞬间大声呵斥并随手关门，是最简单有效的方法。毕竟猫和狗一样，反复的刺激训练，能对它们的大脑形成条件反射，当然，这个前提是：你家猫不属于"天生反骨"。对猫猫训练感兴趣的，可以翻阅第 10 章"猫咪也能被训练"。

养猫的其他准备

做好生活改变的准备

养一只猫，听上去只是给它准备些吃的，然后高兴时抱过来逗弄一下、亲两口，没心情的时候让它自己一边待着去，时不时带去宠物店洗个澡、剪剪指甲，似乎是特别简单的一件事。然而，猫儿不是一个会动的玩具，它是一个活生生的生命体，其情感的需求与生存的需求同等重要，"铲屎官"们要付出的，也绝不仅仅是一点金钱和体力，而是情感的投射与反噬。家中住进一只猫之后，你的生活也会发生不小的改变，如果没有做好相应的心理准备，结果可能是个 BE（网络用语 bad ending，意为坏结局），对双方都会产生不小的伤害。

◎ 从自由自在的"单身汉"到"有家室"牵绊

养猫前，下班和闺蜜逛街、和兄弟去打球、约三五知己去酒吧度过惬意的时光，都是生活中习以为常的小幸福。但如果家中有一只嗷嗷待哺，从早上等你到晚上的小猫，你的内心还能坚持毫无负担地去潇洒吗？它有没有好好吃饭，有没有到处大小便，有没有孤单焦虑地抓烂家中的家具，不会遇到什么危险吧，等等。所有的这些担忧，累积起来，都会让你一下班就抓起包包往家里赶，以感受开门那一瞬间，猫冲过来在你脚边"喵喵喵喵"的幸福。哪怕是那种不得不参加的应酬与聚会，你也会是那个不停看表、随时找机会提前退场狂奔回家的人。狗孤单起来会狂吃、在家里咬东西，而猫孤单起来会病、会吐，你舍得吗？

◎ **与说走就走的旅游说"拜拜"**

无论曾经是多么向往自由不羁的灵魂，哪怕有在老板办公桌上甩出"世界那么大，我要去看看"辞职信的魄力，当你家里有只猫，在订机票之前，你还是得花很多心思考虑"猫怎么办，谁能帮忙照顾，托管可以吗？"诸如此类的问题。说走就走很可能马上就变成了"想清楚、安排好再走"。

和狗不一样，猫对陌生环境的适应能力更差，应激反应更大。现在市面上虽然有很多宠物托管服务，但几乎都是猫狗共处一室或共处一地。猫进入陌生环境，被关在一个笼子里，还要听着隔壁狗子们洪亮的汪汪声，没有一只猫会过得舒心，轻则绝食、掉毛，胆子小的严重时还会引发心脏病（绝对不是玩笑）。带去朋友家请朋友帮忙照顾，猫可能会躲在别人家的床底下一周不出来，更何况，拜托别人办事，总不能还严格要求朋友家的卫生环境一丝不苟，谁家还没点卫生死角？万一猫猫后面带回来一身细菌或者病毒，回头也是遭罪。

最佳的办法是：请信得过的人每天上门照顾，更换猫砂和干净的饮用水、猫粮，再保证一小时的互动。如果没有这样靠谱、有爱心、愿意不厌其烦地照顾猫的可托付的朋友或邻居，也可以在网上找找一些类似的服务哦。

◎ **"铲屎官"怀孕了怎么办？**

你或者你的伴侣近期准备怀孕吗？猫猫的寿命长达十六七岁，你们未来十几年打算生小孩吗？怀孕了你会弃养它吗？尽管科学界一直科普"怀孕也可以养猫"，但大部分弃养猫的理由都是有了怀孕计划后——"我丈夫或妻子不同意""我父母不同意""我婆婆不同意"，对于许多人来说，弃养比去了解孕期科学养育来得简单、省事。

大部分人怀孕了把猫扔掉的关键点在于怕感染弓形虫。那么，什么是弓形虫呢？

　　弓形虫是一种寄生虫，能够感染包括人类在内的许多哺乳动物和鸟类。弓形虫的感染通常通过接触被感染的猫粪便、受污染的土壤或水，以及食用未煮熟的受感染肉类，等等。对于大多数人来说，弓形虫感染并不会引起明显的症状，但对于孕妇来说，感染可能会对胎儿造成严重的健康风险，包括流产、死产或出生缺陷。许多人就是因为这个原因，不管三七二十一把家中的猫送走。但其实，怀孕后不一定要抛弃家中的猫，可以通过各种预防措施，安全地让猫猫陪伴主人度过怀孕的美好时光，甚至陪伴孩子的成长。

首先，不是所有猫都有弓形虫。其次，弓形虫主要通过猫粪便传播。因此，养育前先去宠物医院做好弓形虫检测，怀孕后不要去触碰猫粪便就可大大降低感染风险。而且，弓形虫卵在猫粪便中需要 24 小时才能变得具有传染性，因此每日清理猫砂盆可以减少感染的风险。同时，不要让猫猫外出，完全在室内圈养，基本可以杜绝弓形虫的传染。其实，哪怕家中没有猫，如果食用了未煮熟的肉类和没有洗干净的水果蔬菜，也有感染弓形虫的风险。

家中要迎接新的成员，我们需要做好的是学习如何让新旧成员之间和睦、健康相处，而不是简单粗暴地"除旧迎新"，"铲屎官"们，请坚定自己的信念，并以足够的耐心去说服家人、取得同意，如果没有这样坚定的信念，就不要轻易开始养猫。

◎ 孩子顾着玩猫不学习怎么办？

城市家庭弃猫的第二大理由：玩猫影响孩子学习。大部分孩子天生喜欢毛茸茸的宠物，而许多家长在"鸡娃"的压力下，很容易把"玩物丧志"的"物"投射到家中的宠物身上。鸡娃的压力、照顾宠物吃喝拉撒的劳累、孩子不听话的烦躁，全部集中起来发泄到宠物身上。这时候猫如果不小心把便便拉在不恰当的地方，或者抓破了沙发，就会点燃导火索，落得流落街头的命运。

猫不是影响孩子学习的"罪魁祸首"，培养孩子良好的学习习惯是家长义不容辞的责任，没有猫，也会有铺天盖地的网络短视频、五花八门的网络游戏，任何一样都会影响孩子学习。和孩子约定每天与猫互动的时间，教会孩子富有责任心地照顾小动物，孩子同样将受益匪浅。

◎ 家庭结构发生变化怎么办？

这种情况主要发生在情侣之间，很多情侣会共同抚养一只宠物，以体验共同生活的点点滴滴。但情侣间万一分手，"宠物怎么办？"——基本上，这属于世界级难题。如果你是那种分手后，想走出来就要忘记与对方有关的一切，包括共同养过的宠物的人，奉劝您一开始就不要养猫。从一而终的感情难寻，但忠心耿耿的宠物常见，请抱有"哪怕分手了，我还是会坚持养育好它"的信念，对猫猫负责到底。

如果双方都想争取"抚养权"，那么从对猫猫负责任的态度看，大原则是：谁最适合养猫，猫跟谁；谁对猫猫最好，猫跟谁。最理想的状态是不要改变猫猫的居住环境，毕竟猫真的很不喜欢搬家，如果经常要加班、出差，或者住所环境对猫不够安全友好，或者喜欢人来人往的热闹生活的人，猫的养育权就割爱让与对方吧！

有时候，对我们来说只是生活当中的一些小变动，对猫来说，都是不得了的大事儿，毕竟我们的生活多姿多彩，它们的生活只有我们。爱它们，就要承担这种强烈的被依赖感哟！

做好养猫预算规划

其实养猫和养孩子一样，穷有穷养，富有富养。这里只列出一些基本的花销，供各位"铲屎官"参考。在医疗保健部分，不同城市的差异比较大，仅供参考。

◎ 吃：数十元至上千元每月不等

罐头费用，高于冻干费用，高于天然粮费用，高于商品粮费用，高于剩饭剩菜费用（千万别喂剩饭剩菜）。

猫的食物种类和价格范围极为广泛，根据含水量、适口度、含肉量、原材料、加工方法、产地等，猫的口粮从批发市场几块钱一斤到几十块一个小罐头都有，怎么喂养全凭"铲屎官"自己的心意，但你总不好意思自己大鱼大肉，让它们吃不干不净没营养的东西吧？可能每次在点咖啡和奶茶的时候，脑海会闪过一个念头"这可以买主子两个罐罐了，要不我再忍忍？"这里要强调的是，千万不要喂猫吃剩饭剩菜，尤其是含有大量盐分和调料的食物，这对猫的健康有害。

很多"铲屎官"甚至不惜削减自己的伙食费用，只为让猫咪能吃到最好的。毕竟，看着猫吃得香，自己也有种满足感。

◎ 生活用品：数十元每月

比起口粮，猫对生活用品的需求相对不是那么高，主要看你把家中的猫当宝贝养，还是随性当猪养。可以花费几百元整一个看上去还行的猫窝，还可以花四位数人民币整一个北欧原木无气味无倒刺纯手工打造的立体猫屋。当然，如果你觉得没必要，也可以很"经济"，给它扔个快递盒和一件破衣服，猫未必能感觉到落差，这就看主人自己的心态了——毕竟，猫最爱的也许是那个快递盒。

除此之外，常见的猫生活用品支出还包括猫砂盆、猫牙膏、猫指甲钳、猫梳、粘毛卷（这主要是"铲屎官"用）等，也都是丰俭由人。甚至连猫砂也有讲究，种类从普通的膨润土猫砂，到水晶猫砂、绿茶猫砂、豆腐猫砂，功能涵盖减少粉尘、除臭、结团性、纯天然，等等。所有这些细微的考量，都关系到猫咪的生活质量。"铲屎官"试吃猫粮已经不是新闻了，很多责任心爆棚的直接试吃猫砂，以求纯天然无化工不伤猫，可以说只有想不到，没有买不到。

◎ 保健医疗：几百元到无底洞

猫的医疗保健花费差异较大，取决于所在城市、医院水平和猫咪的健康状况。例如，常规的体检主要看当地宠物医院的级别，是卫生院还是高级会所，地点不同价格自然有所不同。另外，拿疫苗来说的话，根据产地不同，价格也有十倍的差距，还不一定有货。

基础的疫苗接种和定期检查可能只需几百元，但如果猫咪患上了某些严重疾病，医疗费用就可能成为一个无底洞。简单的疾病如螨虫、腹泻、感冒，治疗费用相对较低，但一旦出现腹水、心脏病、猫慢支等复杂的疾病，治疗费用就会大大增加。从四位数到几十万的治疗费都有，而且治愈率还低。遇到心爱的猫咪生病时，大部分"铲屎官"都会对医生说"无论用什么办法（无论用多少钱），请你一定治好它"。但过于高昂的治疗费用会给宠物主人带来巨大的经济压力和心理负担。

◎ 玩具和出行用品：几元到几百元

玩具和出行用品的开销可以非常灵活。从几块钱的逗猫棒到十几块钱的红外线笔，从小玩偶到知名 IP 的授权产品，从普通的猫包到 LV（法国奢侈品牌 Louis Vuitton）家的猫项链、橙色 H（法国奢侈品 Herme's）家的项圈，这也都是看自家家庭条件。特别提醒：许多"铲屎官"都表示，在猫儿身上花钱，会自带一种难以描述的愉悦感，是一种在自己身上花钱体验不到的快感，这让一些主人愿意为猫咪购买许多额外的用品，如高级猫包、定制的猫咪衣物等。一定要谨慎体验，不要超出预算哦！

◎ 情感和时间预算

除了物质层面的支出，养猫还需要投入大量的情感和精力。这种情感投资在一些"铲屎官"看来，甚至比金钱更加重要。养猫意味着你必须为这个小生命的吃喝拉撒、健康状况负责。猫并不是一个简单的"宠物"，它们有自己的情感需求。如果主人不能及时照顾到猫的这些需求，可能会导致猫出现情绪问题，如焦虑、抑郁等。

同时，养猫也需要付出很多时间成本。每天的喂食、清理猫砂、陪猫玩耍都需要耗费一定的时间。对于那些日常工作繁忙的人来说，这可能是一个不小的挑战。因此，"铲屎官"们必须在养猫之前做好充分的准备，确保自己有足够的时间和精力照顾猫咪。

贰
一

猫咪养育
— 实操篇 —

光有认真态度还不行，养猫路上需要科学加持 ▄ ▄ ▄ ▄ ▄

恭喜你！看到这里，相信你已经在思想上做好了充足的准备，脑海里也预演了一遍"有猫的日子"，并下定决心担任一位光荣的"铲屎官"，成为一名负责任、爱学习的优秀"铲屎官"。

大部分的"铲屎官"，在养猫的过程中，基本上会经历以下心路历程：

哇！好可爱，好喜欢！

手感好好，好乖啊！

咦？它为什么一直在叫，是饿了吗？ 这么小的猫，给它喂什么好？

吃鱼需要给它挑刺吗？

居然尿在床上，它几个意思！能打吗？

这满屋子的毛，我的毛呢西装还有救吗？

它为什么发脾气伸爪子，好吃好喝伺候着，我摸一把还不行吗？！

这已经是这个月它打烂的第四个杯子了！

为什么不给撸了，喊它也不理我，是对我有意见吗？

…………

猫基本上是一种既好把握又难以琢磨的存在。性格高深莫测、既挑剔又有洁

癖，有时也有些偏执，多数具有冒险精神，还有些有哲学家气质——每天在自己的小宇宙里面蹦哒，顺便撩一下同住的"铲屎官"。与猫的相处，我们既要了解、熟悉、接受它们某些一成不变的小固执：认定某种口味的猫粮打死不乐意更换；便便一定要埋起来；就是不爱洗澡；不接受随传随到的叫唤……同时也要看开它们对主人忽冷忽热的情感态度。然而，在养猫的路上，光有这些热情和耐心是远远不够的，还需要科学的加持与理性的应对。猫咪的身体健康、行为、饮食、心理需求等各个方面，都需要猫主人去了解学习。要成为一位合格的"铲屎官"，你不仅要关注猫咪的日常起居，至少确保它们吃得健康、住得合适，还要学会理解它们独特的情感表达与行为习惯。要成为优秀的"铲屎官"，付出的心血可就更不止一点了——猫咪的饮食结构如何科学调整，如何维持猫咪的居住环境清洁与身体健康，如何应对它们的情绪波动，如何带猫咪外出玩耍……这些都是有了猫后即将面临的挑战。

不过，也无需太大压力，虽然猫难搞，但我们人类也不是吃干饭的！为了与猫和平共处、相爱相生，从古至今无数"铲屎官"积累了海量的知识与经验，越养越爱、不能自拔，所以，现在开始，我们来一起接受经验与"知识"的洗礼，以更自信满满、松弛的状态与猫共度美好时光吧！

4
饮食管理

选择合适的猫粮

◎ 0~3 个月小奶猫——羊奶为主

大部分 3 个月以下的小奶猫，都不应该离开妈妈，应以妈妈的母乳为主要食物，但如果你不小心在街边捡到一只小流浪猫，又或者因为各种原因小猫已经离开了妈妈，那喂养就得格外小心了。

由于小猫乳糖不耐受，无法消化牛奶中的乳糖，喝牛奶会导致腹泻，所以猫是不可以喝牛奶的。代替猫母乳最佳的食物是羊奶。如果小猫站不稳，或者还没开眼，可以用针筒把羊奶挤入它的嘴中，一日 4~5 次，每次 10~20 毫升。

猫猫后臼齿长牙后，一般一个月到一个半月后，如果精神奕奕且嗷嗷待哺胃口很好的样子，就可以喂它们羊奶泡软的幼猫粮，一日 3~4 次，每次注意不要超过 20 克。但要注意，满三个月之后的小猫，就不要再"奶泡猫粮"了，咀嚼不够，很容易长出来双排牙，影响颜值哦。

◎ 3~12 个月——幼猫粮

基本各大牌子的猫粮都有推出幼猫粮，根据自己的财力和喜好来购买就行。幼猫粮比成年猫粮含有更多的蛋白质和脂肪，有利于猫宝宝茁壮成长。购买时，重点关注配方表里面的粗蛋白、粗脂肪及含肉量。简单来说，肯定是含肉量和蛋白质含量越高越好，但也要注意同时观察猫咪吃猫粮后的大便是否很臭，大便臭可能存在蛋白过剩或消化不良、不吸收的问题。

至于"人吃什么，猫就吃什么"的观念，已经被兽医摒弃，原因在于人类的食物中含有许多对猫来说难以消化的成分，例如过量的盐、细碎的骨头和过多的油脂，这些都会对猫咪的肾脏与其他器官造成伤害。

"猫爱吃鱼"其实也一直是个常见的误区。猫爱吃肉，但具体爱吃哪种肉，就真的各猫不同，毕竟闻到鱼肉掉头就跑的猫，也并不在少数。

◎ 12 个月 ~10 岁——全阶猫粮

恭喜你的猫猫成年了！成年猫的猫粮是目前宠物食品中竞争最激烈的领域之一，换个说法，就是可选择的品类最多。

商品粮：经济适用粮，重口味，营养略低

市面上大部分的猫粮都属于商品粮，也叫膨化粮，基本就是猫饲料。这类猫粮通常肉含量较低，或者只添加了肉粉，蛋白质含量也低，主打一个口味重、管饱。长时间食用，对猫猫的泌尿系统有一定的损伤，而且，长期吃商品粮的猫，生病时很难"戒口"吃淡口味的粮，甚至可能拒绝进食。

天然粮：售价较高，口味淡，营养成分丰富

天然粮以真肉类和真粮食（如土豆等）制作而成，其中的无谷物粮以肉类为主，不添加玉米、小麦等容易引起过敏的成分，适合肠胃特别敏感的猫猫。这类猫粮营养成分丰富，猫咪吃特别长肉，唯一的缺点就是贵，一包猫粮顶白领半个月伙食费，且保质期短，不适合长期囤着。

纯天然！

功能粮：如美毛粮、去牙石粮，不建议长期食用

顾名思义，这类猫粮是缺啥补啥。功能粮是为特定健康问题设计的，如毛发稀疏、缺少光泽的猫咪吃美毛粮，这类猫粮多含三文鱼等成分，有助于促进毛发生长；去牙石粮，通过设计不同的猫粮形状（大小不一），增加猫牙齿之间的摩擦力，有些还添加了能让口气清新的成分，帮助养护猫牙；过敏粮，采用低敏配方，减少猫猫腹泻的概率等。然而这些功能粮，都不建议长期食用，因其营养成分通常不够全面，长期使用可能导致营养失衡。

湿粮（罐头）：水分含量高，售价贵

没有一只猫能逃离罐头的诱惑，甚至在你从柜子拿出罐头的瞬间，猫就开始"喵喵喵"地围在身边催促你："快开，我饿了。"比起干粮，罐头水分含量为75%~85%，对于天生不爱喝水的猫咪来说，是极好的补水方式，特别适合泌尿道容易出问题的猫。优质罐头含有丰富的蛋白质和适量脂肪，有的使用整块肉，有的使用绞碎后的肉或肉类组合，均接近猫咪的天然食物比例。硬要说缺点，那就是售价昂贵，一天几十块的餐标，成本和"铲屎官"每日伙食不相上下。而且从奢入简难，吃惯了罐头，再想让猫转吃干粮，那可是难比登天。开封后的湿粮需要冷藏，并在短时间内食用完毕，否则容易变质。长期吃猫罐头的猫，还要注意刷牙，否则肉丝夹在牙缝中，时间长了会长牙结石，还容易患上牙周炎等口腔疾病。

冻干：生肉直接冷冻干燥制作，营养成分高

冻干食品是猫咪的"五星级大餐"，分为主食冻干和零食冻干。顾名思义，主食冻干可以代替猫粮，它添加了猫咪所需的一些营养成分，高级的会有蜂蜜、鱼肝油等，蛋白质含量在50%以上，可以作为日常食用。零食冻干主要是压缩的肉块，营养成分没有那么全面，只能作为零食奖励，不能当作每日正餐。冻干对制作工艺和杀菌流程有一定的要求，大家挑选时候，应该尽量挑选符合AAFCO（The Association of American Feed Control Officials，美国饲料管理协会）标准的产品，也不要挑选颜色过于鲜艳的，以保证猫咪的健康。

生食：接近猫天然食物，但制作、搭配难度颇大

近年来不少人兴起了给猫猫喂生肉的做法。生食是模仿猫猫在野外的自然饮食结构，食材以生鲜肉类、内脏和骨骼为主，营养成分上以蛋白质为主，不含人工添加剂等，理论上更为健康。但是，未加工的生肉可能携带沙门氏菌、李斯特菌等病原体，增加猫猫感染的风险，并可能危及家中的其他成员。如果生食搭配不当，还会导致营养失衡，如缺乏关键的维生素或矿物质，导致猫发育不良，尤其是令骨骼和牙齿发育受损。同时，生食对冷冻、解冻等过程要求颇高，特别不建议普通家庭给家养猫喂生食。

◎ 10 岁以上——老年猫粮

猫猫一岁大约相当于人类的 15 岁，之后猫咪的发育趋于平缓，到了 10 岁左右，猫猫相当于人类的 60~70 岁，已经步入老年阶段，需格外照顾。当然 10 岁只是一个大概的年龄划分，具体猫猫什么时候步入老年期，细心的主人一定会发现，例如牙齿开始松动了，以前上蹿下跳的捣蛋鬼现在一整天都趴在一个地方不愿意挪动，小便频次增加但是量变少，猫砂结不成拳头那么大的团块，胃口下降等。

步入老年的猫猫，消化系统和内脏功能都在逐渐衰退，口粮的选择需要特别注意，避免购买含有 BHA（丁基羟基茴香醚）、BHT（二丁基羟基甲苯）等抗氧化剂的猫粮，建议选择蛋白含量 35%~38% 的、无谷物的猫粮，但对于有肾脏问题的猫咪，蛋白质含量应根据兽医建议调整。此外，一些老年猫粮特别针对泌尿系统等疾病设计，可以根据猫咪的健康状况进行选择和搭配。

不同种类的猫粮各有用途与优缺点，各位"铲屎官"在选择的时候，可以综合考虑猫猫的年龄、身体状况、居住环境及个人预算来考虑，没有最佳，只有最合适，但建议选择单一蛋白来源的猫粮，以降低猫猫过敏的概率。另外，定期检测猫猫的健康状况，根据需要调整饮食方案，也是猫猫健康成长的关键。

年龄换算表

猫的年龄	人的年龄	猫的年龄	人的年龄
1 个月	1 岁	8 岁	48 岁
2 个月	3 岁	9 岁	52 岁
3 个月	5 岁	10 岁	56 岁
6 个月	9 岁	11 岁	60 岁
9 个月	12 岁	12 岁	64 岁
1 岁	15 岁	13 岁	68 岁
2 岁	24 岁	14 岁	72 岁
3 岁	28 岁	15 岁	76 岁
4 岁	32 岁	16 岁	80 岁
5 岁	36 岁	17 岁	84 岁
6 岁	40 岁	18 岁	88 岁
7 岁	44 岁	19 岁	92 岁

定时定量喂食

虽然和狗比起来，猫暴饮暴食的概率相对较低，但也不是零概率事件。长期单独待在家中，因感到抑郁而吃到吐的猫不在少数，因此，让猫猫养成定时定量的进食习惯相当重要。

可以根据粮食的包装上对应的年龄体重建议喂食量来定量饲喂，依据国际惯例，猫咪的体重喂食量是 20~25 克／千克（每 1 千克体重对应 20~25 克猫粮），每天定量喂食也可以使用自动喂食器辅助，年龄越小饲喂餐次数可以越多。

- 0~3 个月：每日 25~60 克，每日分 3~4 次喂食
- 3~6 个月：每日 60~80 克，每日分 3~4 次喂食
- 6~12 个月：每日 80~90 克，每日分 3~4 次喂食
- 成年猫：根据体重计算喂食量，每日 2~3 次喂食

猫的食量受多种因素影响，如品种、体型和活动量。此外，绝育和怀孕也是重要因素。通常，猫在绝育后由于激素水平的变化，代谢率可能降低，食量不一定会增加，但体重更容易上升。而如果母猫的饭量突然显著增加，则需注意是否可能怀孕。

定时喂食同样很重要。虽说猫是自由行动的动物，本性上喜欢随需求而吃饭，是想起来就吃点的风格，但放任它们吃"自助餐"，还是会有一些隐患。

◎ 猫咪吃"自助餐"的弊端

吃出毛病：万一某天猫咪馋起来，随着性子吃，增加了肠胃负担，吃出个肠胃炎来也是个麻烦事。长期多吃，也容易吃成胖子，看着是可爱，但会增加猫猫的心

脏负荷，并可能引发其他健康问题，如关节炎或糖尿病。

容易挑食： 没有一只猫永远只吃一种类型的粮食。如果放任吃，只吃罐头、不吃干粮，只吃软的不吃硬的，或吃混合粮的时候，只吃某种形状的猫粮（例如只吃三角形猫粮，留下满碗的圆形小粒猫粮，以及挑食，等等），会导致猫营养不均衡，长期下来会不利于身体健康。

猫粮不新鲜： 要让猫猫随心吃，意味着猫粮长时间暴露在空气当中，除了惹灰尘等脏物，还非常容易潮湿，不仅影响口感，也会容易造成猫咪肠胃不适。

撑的撑死，饿的饿死： 如果家里有超过一只猫，自由进食也会让战斗力比较弱的那只猫"被霸凌"，凶的越吃越多，弱的越吃越少，也不利于猫的团结。

◎ **定时投喂的益处**

让猫咪随心吃似乎只是对"铲屎官"有好处，因为不用花时间和精力去投喂，啥时候空碗了再倒猫粮进去，洗洗碗就了事。但定时投喂，对猫猫来说却会有很多的益处哦：

体型控制得当：控制食量，自然能控制体重，猫人同理。控制食量有利于猫的身体健康及生活素质。

保持猫粮的新鲜：猫粮都是一买一大包，猫粮平时保存在干燥的密封盒里，保持其脆的口感与风味，每次喂食时按量投放，能保证猫猫每顿都吃上新鲜的猫粮。

促进主人与猫咪的情感交流：如果"铲屎官"可以每天在自己早晚饭的固定时间亲自给猫猫喂食，不仅能让猫猫在固定的时刻形成期待，习得吃饭生物钟，还能加强它对主人的依赖感，知道"你就是养我的两脚兽啊！"喂食就变成一种温馨的互动。养成习惯后，有些猫一到饭点就会围着饭碗喵喵叫，提醒你"我饿了，快上菜"。

主人自己都经常忘记三餐，或者因为工作等没办法每天固定时间喂食的，建议购买一个定时喂食器，并录入自己呼唤猫咪的声音，那么一到固定时间，猫猫同样能在你的"陪伴"下进食。

饮食禁忌及其他

◎ **巧克力**

猫和狗不能吃巧克力，近年来已经被越来越多的人所知。巧克力含有可可碱与咖啡因，猫天生对可可碱的代谢能力较弱，耐受性低。吃了巧克力后猫咪容易心跳加速、呼吸急促。咖啡因也同样会对猫猫的神经中枢造成影响，引起其不安与兴奋。这两者综合作用，可能会导致猫咪急性中毒和抽搐，严重时甚至会致命。因此，巧克力绝对是猫猫禁食榜的第一位。

◎ **葡萄**

葡萄对猫咪有毒，虽然具体的有毒成分尚不明确，但它可能导致猫咪急性肾衰竭。摄入后，猫咪可能出现呕吐和肾脏损伤。如果一定要给猫猫吃水果，建议选择苹果。不过，猫真的不是天生爱吃水果的动物，人不要用自己的思维推测猫的想法。

◎ **牛奶**

和一部分人一样，猫不能喝牛奶的原因在于乳糖不耐受。猫肠胃系统里面缺乏乳糖酶，无法有效分解乳糖。大量堆积的乳糖经肠道内的细菌发酵，会产生气体，导致猫咪肠胃不适。还有一个原因是，有些猫咪对牛奶高蛋白过敏，喝牛奶可能引发皮肤红肿、瘙痒、腹泻等症状，严重的还会引发呼吸急促。特别是小奶猫，千万不要喂牛奶哦，以羊奶喂食为佳。

◎ **咖啡茶饮**

这主要是因为猫咪不能分解咖啡与茶当中含有的咖啡因与茶碱。人喝多了咖啡与茶都会出现心跳加速与兴奋的情况，何况身体体积小那么多的猫咪？一小口对它们来说也是不小的剂量，主人们自己品尝即可，千万不要因好奇而尝试喂猫哟。

◎ **洋葱、大葱、大蒜、韭菜**

猫不能吃葱类蔬菜绝对不是因为口气，而是因为这类食物中含有一定量的硫化物。硫化物对人类而言，有助于减少炎症，提高免疫力，甚至可能降低患上某些类型癌症的风险。但对猫这种动物而言，它会破坏猫的血红蛋白，导致出现溶血性贫血的现象，甚至还会导致中毒。

◎ 生肉

也许有人觉得，猫本来就是野外生存能力很强的动物，在野外一直吃生肉，且生肉的营养成分保留更好，更适合猫咪。但是，野外生存的猫咪，平均寿命也更短呀，生肉可能带有各种病菌，例如大肠杆菌、沙门氏菌，更可怕的是，可能含有弓形虫。这些细菌和寄生虫，不仅会导致猫猫受到感染，还可能会传染给人类。再说了，你愿意家中的小可爱前面吃完生肉满嘴鲜血，后面就过来舔你的脸吗？

◎ 骨头（含鱼骨头）

猫爱吃鱼是一个常见的错误观念。从本质来说，猫只是爱吃肉，需求是蛋白质，并不限于鱼。毕竟猫这种那么害怕弄湿自己被毛的动物，在大自然中又怎么会去主动捕鱼吃呢？所以新晋"铲屎官"们，千万不要给你们的乖猫猫直接扔条鱼，还以为是对它的犒赏。一不小心被鱼刺扎伤了，猫猫的牙齿可能会折断，还会导致口腔、喉咙甚至食道受伤、发炎。同理，鸡骨头等体积相对大的骨头，也很容易造成猫肠梗阻。猫猫的忍痛能力很强，一旦受伤了，"铲屎官"也很难发现，所以请务必减少它们受伤的风险。

◎ 高糖高盐食物

此处有个冷知识：猫猫是品尝不出甜味的，因此，它们吃糖不会像人类那样产生愉悦的感觉。猫猫的味觉只能识别出酸、苦、咸三种味道。

更重要的是，猫猫对糖分的消化能力很弱，摄入糖分容易导致腹泻，当然还会引发蛀牙和肥胖问题。目前还没听说给猫猫装假牙的，为了它们的身体健康，请务必避免喂它们吃甜食哟。

猫咪吃零食

这不能吃，那不能吃，咱猫咪还可以吃零食吗？当然可以。但是零食吃什么，怎么吃，可是有些讲究的。人常吃的零食例如薯片、油炸食物、果仁等就不建议给猫吃了，这些不仅容易对它们的消化系统造成负担，有些食物还容易没经过咀嚼被直接吞咽，导致梗阻，甚至需要手术取出。而且人类的零食通常口味较重，高盐高糖，猫猫的肾脏可是承受不住呢。

猫常见的零食包括冻干酸奶、小肉粒、猫薄荷、营养膏、化毛膏、冻干鸡肉、三文鱼、香蕉、熟鸡蛋黄等。下面来简单介绍几种。

◎ 猫薄荷

这是一种神奇的猫零食，不仅对猫猫有天然的吸引力，连老虎、狮子这种"大猫"都难以抗拒。猫吃了之后，还会出现特别陶醉、高兴、兴奋等情绪。虽然有人将猫薄荷比喻为猫界兴奋剂，但其实它更像是猫界"口香糖"或"咖啡"，"打工猫"无聊、犯困时提神专用。

猫薄荷的正式中文名为荆芥，学名 Nepeta cataria L.，属于唇形科荆芥属的多年生草本植物，与植物学上的真正薄荷（Mentha）仅为远亲。其属名 Nepeta 来源于意大利的一个城市名 Nepi，那里曾经盛产这种植物，而种名 Cataria 来自拉丁词汇"猫"（Catus），表示这种植物对猫咪有特别的吸引力。

猫薄荷别名小薄荷、樟脑草，它吸引猫的主要原因在于，它内含荆芥内酯，这一物质被认为能够模拟猫信息素的作用，猫猫在闻或者舔舐猫薄荷之后，会不由自主地出现在地上翻滚、点下巴、摇头等情况，与其发情时的表现类似。宋代诗人陆游的《题画薄荷扇》中有提到狸奴"薄荷花开蝶翅翻，风枝露叶弄秋妍。自怜不及狸奴点，烂醉篱边不用钱"。狸奴就是古代对猫的称呼，诗里描述的即是猫醉猫薄荷的场景。

猫薄荷比较好种植，一般家中盆栽栽培即可，存活率很高。猫薄荷虽好，但也不能让猫儿吃太多，毕竟长时间的刺激，谁都受不了，怀孕的母猫就更不建议食用了。

◎ 猫冻干零食

猫冻干零食同样是猫零食中颇受欢迎的一类，由于其保存及携带方便，也受到很多"铲屎官"的欢迎。冻干技术的全称是"Freeze Drying"，主要是通过低温干

燥的方式来处理肉类，先后会经过脱水、两次干燥和封装的处理。由于制作过程中采用低温脱水工艺，和一般的肉干相比，冻干减少了细菌或微生物感染的风险，并且较好地保留了肉类的营养成分，营养密度较高。常见的猫冻干有鸡肉、牛肉和鱼肉等，主人们可以根据自己猫猫的口味进行选择。

特别提醒：市面上价格特别低的冻干，各位主人购买时千万要擦亮眼睛，毕竟制作冻干的过程，光是电费就要花费不少，其造价是常规肉干的好几倍，低价产品的制作工艺可能存在问题。另外，建议购买单一蛋白来源的冻干，而且是大块纯肉冻干，不建议给猫咪吃合成冻干和混合冻干。

◎ 肉条

肉条通常软硬适中，散发着浓浓的肉味，也是猫界受欢迎的零食种类。肉条一般真空包装，体积小，方便外出时携带。但是要注意，有些肉条含有防腐剂、色素等人工添加剂，而且热量也很高，不建议当主食或者经常吃，同时建议选择单一蛋白的肉条，以免造成猫猫营养不均衡和过敏。

特别提醒：有些心急的猫猫可能会直接吞下整根肉条，导致消化不良或者喉咙被卡住，最好撕成小块再喂。

◎ 咬胶

咬胶通常由动物皮（如猪皮、牛皮、鱼皮）或者骨头制成，能帮助猫猫磨牙，减少牙垢和牙石的形成，适合咀嚼能力强的成年猫，不适合老猫或者小猫。此外，还有植物性咬胶，通常由玉米淀粉、木薯粉等植物成分制成，质地较为柔软，易于消化。

特别提醒：尽量选择天然材料制成的咬胶，使用的时候尽量在一旁监督，避免猫猫将其整个吞入，导致消化道堵塞。而且千万不要把狗狗用的咬胶给猫猫使用，因其大小和硬度不适合猫咪。即使是安全合适的咬胶，也不应该让猫猫长时间使用，以免对其牙齿造成过度磨损。

最后，考虑到猫猫肠胃较为敏感，且存在多种饮食禁忌，建议尽量在专业靠谱的宠物零食店或者商店购买猫猫零食，千万不要选择没有质量保证的三无产品。零食虽好，但不能作为主食，关于零食的喂养方式，还需要注意以下几点——

三个月以下不建议吃：幼猫在发育期，对营养的均衡需求较高。就像人类幼崽一样，小时候很少吃零食，否则容易营养不良，还养成挑食的习惯，幼猫也如此。

每天不建议数量过多：零食吃饱了，谁还吃饭啊？和零食比起来，猫粮会添加更多满足猫猫身体需求的微量元素，对其身体有更大的益处。

定期更换品种与口味：再好的品牌也有其局限性，结合考虑厂家生产经营风险，猫咪的零食还是定时更换品种和口味为好，变化也利于猫猫尝试更多的新鲜事物，避免形成顽固性挑食。毕竟，宠物食品厂家倒闭，导致猫猫绝食的情况也不是没有发生过。

说到底，零食关键在于适量，作为正餐的补充而不能代替主要食物。选择天然、无添加的零食，不仅不会对猫猫的健康产生负面影响，还可以增加猫猫与主人的互动，提升彼此的亲密度和生活愉悦感。当然，有些主人认为可以用零食来对猫儿做一些训练，具体训练方法可以参考本书第三部分的内容。在养猫这件事上，功利心越少，幸福感越多。

日常清洁

洗澡指南

"什么？！洗澡？谁要洗澡？洗澡是什么？我为什么要洗澡？！"

说起洗澡，可以说排得上猫最讨厌的事情和事物前三名（另外两个大概是狗和强迫性的亲密抱抱）。养过猫的人都知道，给猫洗澡就像上刑——不仅猫本身鬼哭狼嚎，主人也得全副武装，轻则蓬头垢面，浑身湿透，重则满身抓痕，感情破裂24小时。更糟糕的是，洗完后你还可能发现满屋子湿答答的梅花小脚印，或是在猫咪的惊慌逃窜下，它跑进你压根想不到的角落，包括但不限于灰尘满满的床底、刚刚换好的干净床铺。洗澡一件这么清爽舒服的事，为什么到了猫这里，就会变得如此痛苦，像是一场灾难呢？

 Q1 猫为什么讨厌洗澡？

◎ 怕水

从猫的起源来看，抛开已经灭绝的剑齿虎，猫的驯化出现在四五千年前。早在古埃及，就已经有了猫神的形象，以其敏捷与力量接受人们的膜拜。猫的祖先普遍被认为分为几支，包括印度沙漠猫、非洲山猫等，而中国的猫最早是由波斯商人通过丝绸之路带入。由此可见，猫的祖先长期生活在干燥的环境中，因此天生对水有一种恐惧感。别说洗澡了，就连平时喝水，很多猫咪也是困难户。

◎ **拒绝被控制**

"天生反骨"的猫，最不喜欢被控制。洗澡时，它们被压着揉搓，还要忍受一些"味道奇怪"的沐浴液，这立即激发了它们内心的"铮铮傲骨"。在"有人要害朕！"的内心想法之下，无论平时多么温顺的猫，此时都会立即展开一场"生存大逃亡"。如果你以为自己体型比它们庞大那么多，控制区区一只小猫绰绰有余，那就是太天真了！你恐怕会被打脸。越压制，越反抗，这句话是猫的真实写照。

 怎么训练（哄骗）"喵星人"洗澡？

◎ **先剪掉指甲**

在洗澡前，给猫咪修剪指甲这绝对是"保命"关键，在彼此相爱相杀的过程中，不想毁容就先把猫的其中一样武器磨平，但切记使用猫咪专用指甲钳，否则容易剪伤它的小爪子。

◎ **准备封闭空间**

准备一个封闭的淋浴间，打开通风装置。洗澡过程中一定要与猫咪待在同一空间，关好门窗，防止它突然窜逃。

◎ **不要拿花洒直冲**

可以先用盆装好一些温水，然后月手轻轻把水抹在猫咪的毛发上，不要一上来就拿起花洒直接喷淋在猫身上，突如其来的"攻击"会让它们产生强烈的应激反应，它们会惊慌失措。

◎ **备齐物品**

沐浴液、毛巾、梳子、电吹风等在洗澡过程中可能用到的物品，都应放在触手可及的地方。千万不要在洗澡过程中离开猫咪自己去拿东西，因为把它孤零零地留在淋浴间，其焦虑不安的心情显而易见，而且在你出入的瞬间，猫会立即闪走，想要再把它抓回来，难度系数乘以十。

◎ **选用无气味的沐浴液**

尽量使用宠物专用的沐浴液，并且选择味道最小的。千万不要凭个人的喜好给它们选择带有浓烈香薰味道的沐浴液，汝之蜜糖，彼之砒霜。你永远不知道自己的猫会对哪个气味抓狂。

◎ **不直接冲洗头部**

建议猫的头部用湿毛巾擦拭，不要直接用水淋，一旦水进入猫咪眼睛、鼻子、耳朵，会让猫咪产生更加严重的应激反应。从清洗的顺序来看，最好先清洗它平日喜欢被抚摸的部位，例如脖颈、背部等，最后再洗它的敏感部位，例如小肚子和爪子、尾巴。

◎ **洗澡时间宜短不宜长**

为了彼此的健康与安全，给猫猫洗澡的整个过程，请尽量控制在 10 分钟内，以免夜长梦多。

◎ **吹风机风力从小到大**

沐浴结束后，先拿一条柔软的大毛巾把猫猫包裹起来，让它感受到被保护的安全感，同时也降低它挣扎的机会。特别不建议自然风干，它湿漉漉的身子不仅容易粘上家中所有犄角旮旯的灰尘，还容易引发感冒。建议还是用电吹风尽快将毛发吹

至八成干。一开始，可以先把电吹风调到最小的档位，让猫猫熟悉这个声音，知道它不是什么"大怪兽"，然后慢慢往它背部吹，再然后吹肚子、四肢为佳。毛发吹至八分干的时候，就可以还它自由了，余下的，它会自己慢慢舔干。

最后，作为奖励，可以给它一些小零食，让它把洗澡与吃零食联系起来，减少下次洗澡的抗拒感。关于洗澡的频率，可以根据自己家里的卫生情况以及猫猫自身的情况来定。有些猫每次上完厕所都把自己处理得很干净，也有些猫天生大大咧咧，每次便便完身上都要粘上不干净的猫砂。从常规情况来看，每月一次、每季度一次，甚至每半年一次都是可以接受的范围。

如果猫咪洗澡应激反应很大不建议强行给它洗澡，避免意外的发生，如抓伤、咬伤、心脏病发，膀胱炎等；用毛巾擦也是很好的帮助猫咪清洁的方法。而且，其实猫有自我清洁的能力，猫主人给它做好梳毛，去底绒处理就行。毕竟猫不像狗，每天把自己弄得臭熏熏的，猫的洁癖发作起来，连完美主义者处女座都怕。

对猫猫来说，给它梳毛等于按摩享受

猫每天都会花好几个小时给自己舔毛，除了出于爱干净的习性，对它们来说，也是一种帮助自己"平复情绪"的自我安慰。无论自己舔得多舒服，如果家里"铲屎官"能帮忙梳毛，而且手法高超，不仅能把脱落的毛发梳理出去，还能保证皮肤干净，则更是一种不错的享受，就像猩猩之间互相理毛一样，还能促进彼此的感情。

梳毛的正确工具、部位及手法

选择合适的工具：需要根据猫咪的毛发选择合适的梳子。大致上来说，对于长毛猫，如波斯猫、布偶猫，建议使用排梳或者针梳，以有效防止长毛发打结结块。对于短毛猫，如英短、美短、渐层等，橡胶梳子是理想选择。正如人类的发质有干性和油性之分，猫咪的毛发也有所不同，有些猫天生干性毛发，有些中性偏油。长毛猫梳毛的频率应相对高一些，有条件的尽量每天都梳一次，确保毛发顺滑不打结，毕竟若是打结，最后的归宿很可能就是手起刀落，直接用剪刀剪掉该块毛发。

喜欢的部位 vs 讨厌的部位：给猫梳毛就像平时抚摸猫咪一样，它们对不同部位的触碰有天生的喜好和厌恶。头部、前胸和背部后半部分，这些地方是大部分猫咪最喜欢被抚摸，也不抗拒梳毛的地方，但是四肢、腋窝和下腹部则是敏感"禁区"，需要采取一定的策略。这种时候，建议采用交替部位的办法：梳一下它喜欢的部位，再偷偷梳一下不喜欢的部位，不然它生气起来就跑走了。

梳毛的方向：梳毛时一定要顺着毛发生长的方向进行。长毛猫的话，要沿着中线分两边梳（类似中分），而且力度不要太大哟。当然，可以用手逆着毛的生长方向查看猫咪的发根，一来看看皮肤状态，会不会有什么皮肤病，二来可以看看是否会有虱子等小虫子。

爪部与牙齿的护理

这世上有多少人因为迷恋猫爪或猫掌而动了养猫的念头？数之不尽！从颜色上来分，猫爪有黑色、粉红色、豆沙色，还有带花斑的；从形状上来看，有三叶草形、扁平形、山形和米粒形。其实猫爪的颜色与品种有关，一般来说，毛发颜色越浅，爪子肉垫的颜色也就越浅。

Q1 猫爪的有什么功能、应该怎么护理？

◎ **剪指甲**

猫爪具备灵活的伸缩性与锋利度，是猫科动物天生的攀爬、捕猎利器，保障它们的生存。猫爪指甲部分的护理，最重要的就是定期修剪。在野外生存的猫，因为经常要攀爬，会有磨爪子的机会，例如抓树皮等，能够自己帮自己磨短过长的指甲。但是家养的猫缺乏这些机会，因此容易出现指甲过长的情况，先不说会抓伤家庭成员，过长的指甲还会反向生长，刺入肉垫，或者会在猫奔跑跳跃过程中断裂，引发流血和感染，造成发炎。

因此给猫定期剪指甲是一件非常必要的事，基本上所有宠物店都会有猫咪专用的指甲钳卖，根据猫的体型自行选择即可。剪的时候轻轻捏一下它的小趾头，指甲就会伸出来，指甲靠近根部的地方是粉红色，前端是透明的，这时候把白色透明部分剪掉，留一点点即可。

◎ 擦拭与剪毛

至于掌心位置，也就是最迷人的小肉垫，除了长得可爱之外，它的功能也不少。猫可以通过肉垫中分布的丰富神经感受到震动与压力，俗话说"猫有九条命"，很大程度上是因为猫能从高处轻松跳下，这就是得益于猫爪掌心富含弹性纤维的肉垫，可以帮助猫咪减震与缓冲。掌上的汗腺还可以帮助它们排汗、调节体温，从而保持体温的稳定。

此外，猫爪上还有气味分泌腺，可以帮助它们圈占地盘。所以，想知道具体某只猫的体味如何，最准确的方式可不是闻它们的身子，而是举起它们的小手小脚闻一下。

正因为肉垫有那么重要的作用，又是汗腺集中地，它们还老喜欢自己舔，所以定期清洁很重要。每天拿湿纸巾或者毛巾给猫擦手擦脚，减少细菌灰尘被它吃进肚子里的风险。还有一个就是要修剪脚掌附近的毛，特别是长毛猫，因为"脚毛"太长，会藏污纳垢，影响肉垫的散热，跑起来还容易滑倒。如果是天气干冷的北方，还要预防肉垫干裂，必要时可以给它们涂上猫专用的护爪霜。

 猫的牙齿怎么护理？

◎ 猫为什么要刷牙？

没错，猫要刷牙。但有人可能要问，没听说过野外生存的猫要刷牙呀，为什么家猫要？猫和人类一样，不刷牙会出现一箩筐的问题：牙结石、牙龈炎、牙菌斑、

为什么要刷牙？

牙痛、龋齿和牙齿脱落等。而且，猫咪还不能装假牙，万一没牙齿了，岂不是得活活饿死。

与野外的猫相比，家养猫吃得特别精细，缺乏硬质地的食物刺激，牙齿自然磨损不足，刷牙正好可以弥补这一点。而且，喜欢和猫亲亲的"铲屎官"更加要留意：猫如果不刷牙，天天吃肉的它，残留在嘴里牙齿缝中的食物残渣，可是会与细菌一起，产生非常难闻的口气。可以说，给猫猫坚持刷牙，与它们整体的健康、生活质量息息相关，也可以延长它们在地球上生活的时间。

◎ 给猫咪刷牙的"武器"

有人形容给猫刷牙是"送羊入虎口"，本来就特别难控制的猫，还得把手伸进它们的小虎牙里面，来回刷牙，胆子小点的人想来都心惊胆战，但其实，要刷"老虎"牙，最重要的是拥有合适的"武器"，也就是工具。

硅胶指套：如果是猫咪年龄尚小，而且从小家养，推荐使用硅胶指套。这是一种能够套在手指上，带有凸起齿状纹理的指套，沾上猫专用牙膏后，轻轻地在猫牙齿上来回擦拭，既能有效清洁牙齿上残留的食物残渣和牙垢，还能通过这种亲密接触减少它们的恐惧感，同时也便于检查它们的牙齿有没有松动或者缺失。

小头牙刷：如果是刚刚领养回来的流浪猫，或者猫的性格属于比较刚烈的类型，那么建议使用宠物专用的小头手柄牙刷。这种牙刷是专为小型宠物设计，牙刷头比较柔软小巧，可以深入牙齿缝隙进行清洁。但一定要注意购买合格结实的靠谱产品，因为猫咪难免会忍不住在刷牙时去咬牙刷头，如果不小心咬断了吞咽进去，就得通过手术取出。

专用牙膏：猫绝对不能用人类的牙膏。人类的牙膏含有发泡成分、人工香料和防腐剂，任何一样对猫咪来说都是有害的，可能会导致猫咪呕吐、腹泻。而且人类牙膏带有的清凉薄荷口感，对猫咪来说也过于刺激，会增加它们的抵抗情绪。宠物专用的牙膏都带有猫无法抗拒的味道——牛奶味、鸡肉味、鳕鱼味……通常情况下它们都会把它当作额外的零食，乐于享受。

◎ **给猫刷牙的正确手法**

第一步：抱住猫，放在大腿上，好好安抚一下，还可以给点宠物牙膏诱惑一下它。

第二步：戴上指套或拿上牙刷，沾上宠物专用牙膏，一只手翻开它的上嘴唇，先刷干净犬齿，注意力度适中，不要太大力。

第三步：用一只手的拇指和中指包住猫下巴，轻轻用力捏开它的嘴巴，把沾上牙膏的指套或者牙刷，放进它嘴里，来回擦拭后臼齿。

如果是个性不那么稳定、挣扎得特别厉害的猫咪，建议请家里另一位家庭成员帮忙，抓住它的后颈皮，达到一秒老实下来的效果。一般宠物牙膏都可以直接吞咽，不需要漱口，刷完之后把指套或者牙刷冲洗干净即可。建议每天都要坚持帮猫刷牙，这样也能帮助猫咪习惯刷牙这件小事。

注意：猫一开始不配合刷牙是正常的事，"铲屎官"们千万不要放弃，为了猫的身体健康，多坚持几次，它们终会适应下来。另外，"铲屎官"们也可以考虑给猫咪使用牙结粉。

耳朵和眼睛的清洁

◎ **耳朵清洁与耳螨的防治**

　　猫的耳朵与人类一样，有些天生有特别多油性分泌物，有些则偏干性，但无论哪一种，为了防止耳道发炎与耳螨的寄生，都应该定期给猫咪清洁耳朵。普通的猫可以一周清洁一次，如果是折耳猫或者长毛猫，由于耳道暴露的机会更少，也就是说因耳朵折叠或被毛发覆盖，耳道更为隐藏，油脂和污垢可能更容易积聚，因此可以根据实际情况增加频次。

我的耳朵不好清！

日常清洁时，可以使用医用棉签蘸纯净水，直接轻轻擦拭耳道。由于猫的耳道较长且弯曲，大部分"铲屎官"第一次清洁猫耳朵时都只会清洁到耳郭部分，不能清洁到外耳道。建议先去宠物店手把手学一次，了解实际可以进入的深度，以确保既清洁到位又不会伤害到猫咪。如果猫猫的耳朵特别脏，可以使用猫专用的洗耳液。开始前最好拿大毛巾包裹住猫猫，防止其因为惊恐而跑开。

具体做法：轻轻安抚猫咪的情绪，将洗耳液沿着耳道滴入 3 到 5 滴，然后在耳根处轻轻按摩，帮助液体分布。猫咪通常会甩头，把部分洗耳液和污垢甩出。此时，用棉签轻柔进入耳道擦拭，但每次使用过的棉签都要立即丢弃，更换新的棉签，避免将污垢推得更深。为了更安全，最好使用洗耳液进行灌洗，再用纸巾擦干。如果一次不够干净，可以多冲洗几次，且建议选择碱性洗耳液，这样对猫咪更温和。避免使用棉签深入耳道，以免折断或伤害耳朵。洗完耳朵之后，可以给个小零食奖励一下。

如果猫猫长了耳螨，那就要特别留意了。耳螨是一种专门寄生在猫猫耳道的螨虫，大小仅有 0.3~0.6 毫米，人肉眼几乎看不见，能在充满油脂物的耳朵里存活几个月的时间。而且耳螨在猫猫之间传染性极强，不仅会导致猫猫耳朵瘙痒、发炎，感染到内耳的话还会引起失聪。如果发现家中的猫总是甩头、无缘无故地拿爪子挠耳朵，或者耳朵出现红肿的情况，就要留意是不是长耳螨了。

怀疑长了耳螨后，要立即带猫猫就医。一般宠物医院有专门的带放大功能的检耳镜，可以快速看到耳螨，随后就要使用专门治疗耳螨的耳药，其使用方法与用洗耳液清洁耳朵一致，但是要遵医嘱持续用药，一般只需要使用 7~14 天，否则容易出现耐药性。

如果家中有多只猫猫，则务必要对长了耳螨的猫猫采取隔离措施，毕竟耳螨的传染性太强了。还要注意在家中及时进行大扫除及消毒，并给生病的猫猫补充营养，增强其自身抵抗力。

◎ **眼睛的清洁**

有些"铲屎官"可能会有疑问：为什么我的猫总是在流眼泪？眼角总是湿漉漉的，有时候连鼻子两侧都是深深的泪痕？千万不要自我感动，它并不是爱你爱得过于深沉，它只是眼睛出现分泌物了。猫咪的眼部分泌物较为常见，可能由多种原因引起。下面介绍几种常见的分泌物及其产生原因，帮助各位"铲屎官"更好地护理猫咪的眼睛。

正常分泌物：以褐色与深黄色为主，产生原因有部分是天生基因影响，有些是灰尘异物刺激，还有些是轻微过敏。这种情况，只需要拿湿纸巾（不带酒精）或者纱布定期擦拭就好了。

多喝水！

炎症反应（广东俗称上火）： 导致分泌物的颜色以黄色为主（不是只有广东猫才会上火）。食物蛋白质过高、细菌感染或病毒感染等问题都会导致猫咪出现这类眼部分泌物。此外，众所周知猫不喜欢喝水，长期以干粮为主的猫咪如果摄入的盐分过高，也容易引发这类症状。这时候除了日常清洁，可以多给它调整下饮食结构，例如更换主食，减少高蛋白的摄入，添置它更感兴趣的饮水器等。

睫毛倒长： 有些猫儿天生睫毛倒长或者眼睑内翻（指眼睑缘向眼球方向内卷），容易刺激眼睛，导致眼泪或分泌物增多，尤其是波斯猫、布偶猫这样的长毛猫会更容易出现这样的情况。这类情况若长期不处理，不仅会增加眼部分泌物，还可能磨损它的角膜。这种就需要主人非常细心地留意具体刺激眼睛的睫毛，及时修剪，严重时可以实施眼睑矫正手术，建议带去专门的宠物店或宠物医院诊断处理。

外伤或者发炎： 如果眼部分泌物呈黄色偏绿色的话，就要特别注意，猫猫可能是眼部受伤或患上了结膜炎或角膜炎等疾病，需立即就医。千万不要自行给猫使用眼药水，以免加重病情。

上厕所

猫砂和猫砂盆的选择

从普通的膨化猫砂、绿茶猫砂、水晶猫砂、木屑猫砂、粮食猫砂到豆腐猫砂、有机猫砂、无机猫砂等，市面上的猫砂产品种类可以说是琳琅满目，比"铲屎官"们的马桶分类更多，看上去黑科技感更甚。但刨开一些花里胡哨的包装噱头，说到底，猫砂的选择还是主要看以下几个方面：

◎ 结团性

现在的猫砂基本都含有膨润土，能够迅速将排泄物中的水分吸收并凝结成团，让"铲屎官"们在清理"被污染"的猫砂时，不会随处掉下肮脏的小颗粒，也不会让这些肮脏小颗粒黏在猫爪子或者猫屁屁上。而且，通过观察结团的大小，可以大致判断猫猫当天的便量，方便监控身体状况。特别是老年的猫，如果你发现猫砂结成的团块越来越小，甚至松散的时候，就要留意猫猫会不会有尿道的问题或者膀胱的问题了。当然还可以通过观察尿液的颜色来判断。通常来说，能结成成人拳头那么大（网球大小）的猫砂块，且没有血色，猫猫的小便就是正常的。

另一种常见的猫砂是水晶猫砂，属于非晶态物质，看上去是亮晶晶的一颗颗小水晶，不溶于水和任何溶剂，化学性质稳定。水晶猫砂通过变色的方式来区分"未污染猫砂"和"已污染猫砂"。被尿过的水晶猫砂，会呈绿色或蓝色。当一盆猫砂里面，超过三分之二的颜色都被改变的时候，这盆猫砂就该更换了。

◎ 扬尘度

膨润土猫砂使用时容易产生扬尘，特别是当猫扒砂特别狂野、力度特别大的时候，别说会在家里扬起充满味道的灰尘，有时候连猫，都会忍不住打喷嚏，而且猫砂扬尘，容易把大小便的细菌也带到空气中。所以在猫砂的选择上，尽量选择扬尘较低的，对人畜的呼吸道都比较友好。

水晶猫砂一般不存在扬尘的问题，但是水晶猫砂颗粒比较大，对于年幼的猫咪来说使用比较困难，而且某些质量较差的水晶猫砂通常还带有一股味道，如果猫咪还偶尔会吃猫砂的话，就要格外小心了，毕竟其成分是二氧化硅。

豆腐猫砂通常扬尘也较少，因其原材料较为环保，多由天然植物纤维制成，能够有效吸水并结团，遇到小便会直接溶解，还可以直接倒进马桶里冲掉，清洁更为便捷。但质量较差的豆腐猫砂在倒入或清理时，仍有可能产生少量粉尘。

◎ 除臭

温馨提示，以下是一段有味道的文字。

好的猫砂务必配备一个功能：除臭。猫为什么那么执着于拉完便便之后要掩埋？除了防止敌人发现自己的踪迹，主要还是因为味道实在太重、太臭了，不狠狠扎实掩埋起来简直无法忽视。部分猫喜欢在"铲屎官"吃饭的时候"办大事"，因此在选择猫砂时，除臭功能是必须认真考虑的。

猫砂除臭的原理主要分为三类：

第一种是物理吸附，依赖于猫砂本身成分的吸附能力，如木屑、天然硅胶和活性炭，这些材料可以吸附尿液和排泄物中的气味，尤其吸收化解氨气，防止其外泄，以保持空气清新。

第二种是通过添加各种芳香除臭剂来掩盖异味，如薄荷油、绿茶粉、花香味等。市面上也有猫猫专用环境喷雾除臭剂，这些选择主要就是看个人喜好了。

第三种是利用生物酶分解臭味分子。猫砂中添加的生物酶，能够先吸附臭味，再进一步分解，从而达到长效除臭的目的。还有的品种添加了银离子，通过抑制细菌的氧化酶活性，分解含硫蛋白质，有效遏制细菌的滋生与增长，这种猫砂售价会偏高。

保持"猫厕所"通风通气、环境干燥不潮湿，再选择一款吸附力强的猫砂，是最具性价比的除臭方案。

 怎么选择猫砂盆？

有了好猫砂，也要有好厕所，没错，你需要一款好用的猫砂盆。从功能上，一款好的猫砂盆至少需要满足以下条件：

◎ **大**

没错，猫也需要一个宽敞的厕所。猫上厕所的时候，喜欢刨猫砂，还喜欢转身，如果猫砂盆太迷你，转身都会把便便带出来，或者沾到漂亮的被毛上，你于心何忍？更何况，猫都是有洁癖的，拉过便便的区域就不会再次使用，而大部分的"铲屎官"都难以做到猫猫每次便完立即清理。主人上班、外出的时候，猫猫会有几次便便的需求，那么，猫砂盆就要有一定的容量。一般来说，猫砂盆最长的边，应为猫身长的 1.5~2 倍（猫身长具体是指从猫咪的鼻尖到尾巴根部的长度，不包括尾巴的部分）。如果家中有不止一只猫，建议遵循"N-1"的规则来安排猫砂盆数量，N 代表猫的数量。例如，如果有两只猫，最好准备 3 个猫砂盆。这样可以减少猫之间的竞争和压力，确保每只猫都有足够的空间保持清洁和舒适。

◎ 结实

大部分的猫砂盆都是塑料做的，但是请务必选择加厚的材质，因为猫刨起猫砂来，动作根据心情改变，有时候可以如暴风骤雨般狂野，如果猫砂盆材质不够厚，盆底容易被刨坏。而且每隔几周更换全部猫砂的时候，需要捧起整盆猫砂倾倒进垃圾桶或垃圾袋，如果不够结实，猫砂盆底部突然塌落……不敢想象那个画面。另外，如厕的时候，谁不需要有一个结实不会摇摇晃晃的"马桶"呢？这是愉悦生活的基本保障好吧。

◎ 通风透气

市面上有很多封闭或半封闭式的猫砂盆，表面上似乎能防止扬尘，以及预防猫砂外溅的问题，但请想象一下，如果一个厕所长期处于封闭状态，里面的气味环境该多么恶劣！更严重的是，因为不通风透气，猫砂盆里面湿度高，细菌容易滋生，不多久，猫砂盆就会成为一个细菌温床，无论对猫还是家中其他成员的健康都会构成威胁。所以，选择猫砂盆，无论是封闭、半封闭还是多功能，一定要留意其通风透气的设计。

◎ 防漏

一是防漏水，有很多猫砂盆是双层设计，要特别留意两层之间的接口是否防漏水，不然尿液泄漏，清洗起来会让人怀疑人生。二是防漏电，现在已经有全自动猫砂盆，能自动识别猫咪进入，如检查自动滚筒清洁、除臭。但功能越多，主人挑选时越要小心，盆体是否容易漏电，舱口是否足够灵敏，猫会不会被突然卡住、智能摄像头结实不结实，是否容易被咬烂……避免猫咪受伤。

02 猫砂盆有什么种类?

◎ 开放式猫砂盆

最常见也最经济实惠的猫厕所,简单说就是一个没有盖子的大盆子,圆形方形就看各人审美,价格差异主要在材质上,从十几块钱到上百块都有。毫无疑问,没有盖子意味着通风性能比较好,猫进入也完全没有门槛,就像野外的沙地,直接跳进去就"办事",基本没有训练需要。但缺点是臭味和猫砂扬尘会直接进入空气中,有些行事比较粗鲁的猫,也容易把猫砂刨出盆外。但如果家中有露天或者通风好的场所,例如阳台或者入户小花园,还是比较推荐使用此款猫砂盆。

◎ 半封闭猫砂盆

半封闭式猫砂盆主要是在开放式猫砂盆上面加半个盖子,把一半或者四分之三的空间封闭,该设计意图是猫咪在封闭的那部分区域便便,防止臭味及猫砂溢出,开放的区域则方便猫咪出入和通风透气。但有时候,个性强的猫会故意反着来,把便便拉在开放区域的地方,每次出入的时候还可能踩了一脚污物。

◎ 全封闭猫砂盆

除了出入的口子(有时还配有活动挡板),整个猫砂盆结构都是封闭的,这种猫砂盆能防止臭味扩散和猫砂飞溅。有的还设计了底部抽屉,方便清理更换猫砂。为了增加通风性能,有些全封闭猫砂盆还会在其顶部开一个通风口,但不管如何,对比起开放式猫砂盆,这种猫砂盆透气性能还是相对较差,而且有些设计特别花哨的封闭型猫砂盆,会让猫猫一时找不到入口,在适应上会相对困难。

◎ **全自动猫砂盆**

自动识别猫咪入内、自动滚筒清洁、自动除臭、自动抑菌、舱内湿度监控、APP 远程遥控、如厕数据记录、氛围小夜灯……上千元一个的全自动猫砂盆，带着许多高科技的标签，有些还有高清摄像头（在厕所装摄像头真的礼貌吗？），号称可以 7~15 天不铲屎，方便不时有外出需求的养猫者。喜欢高科技的主子可以入，但要留意这些猫砂盆通常对使用什么规格的猫砂有适配性要求，而且购买时最好有产品试用期，因为很多胆子较小的猫会不敢使用。

各类猫砂盆优劣对比

	通风性	清洁便利度	安全性	价格
开放式猫砂盆	高	中高	高	低
半封闭猫砂盆	中	中	高	中低
全封闭猫砂盆	中低	中低	高	中低
全自动猫砂盆	中低	高	中	高

训练猫咪如厕

Q 怎么训练猫咪如厕？

　　对比起狗，训练猫咪到猫砂盆如厕易如反掌，成年的猫咪几乎都会主动寻找类似沙地的场所解决大小便。真正需要花心思训练的，主要是刚出生的幼猫。一般不建议三个月以下的小猫离开妈妈生活，有母猫在身边的，通常猫妈妈会教好幼猫如厕，但如果因为各种原因没有妈妈在身边，主人就要肩负起猫妈妈的责任了。

别看！

◎ 除味工作要彻底

如果小猫在猫砂盆以外的地方排便了，一定得悄悄地完成清洁工作，并要做到彻底除味，否则它会循着味道，再次在同一个地方便便，默认此地就是自己出恭的地方。

◎ 气味引入猫砂盆

用纸巾把小猫尿在别处的小便吸干，并把纸巾扔入猫砂盆，然后抱着小猫去到猫砂盆，温柔地告诉它"这里才是便便的地方"，接着拿着它的两只小爪子，轻轻让它刨猫砂。这种方法未必一次奏效，可以反复多尝试几次。

◎ 手把手教埋便便

如果出现小猫咪在猫砂盆便便，但却不会埋起来的情况，那各位"猫妈妈"得手把手教起来了。先让猫猫闻一下自己的"杰作"，然后抱着小猫抓刨猫砂把便便覆盖起来，再轻轻按它的小脑袋让它自己闻一下。感受前后气味的区别，凭借小猫的聪慧天性，它很快就会理解的。

便便观察与猫咪健康

大部分猫咪不需要刻意的如厕训练。由于它们有"埋便便、避天敌"的天性，猫咪如厕后的大小二便也是比较好处理的。很多"铲屎官"刚开始养猫，也是冲着"猫比狗容易处理大小便"这个特点来的。但需要额外注意一个情况，如果一直以来都认真按规律排便的猫咪，突然出现多日不拉便便，或者每日便便次数不正常地增多，甚至在猫砂盆以外的区域便便的情况，就要留意它是不是身体出现了什么状况。猫是特别能忍的动物，一般情况下很难察觉其生病，"铲屎官"们可以通过它们的大小二便来观察它们的健康情况。

◎ **屁股周围总是沾着便便**

如果猫咪屁股周边的毛总是沾着便便，先不要着急批评它不讲卫生，得留意下它是不是肠胃不适拉肚子了。如果连续几次出现同样的情况，要确定它是否为单纯的肠胃炎，例如，是吃多了还是猫粮没消化好，或是肠道过敏等，之后可以有针对性地通过更换猫粮、少吃多餐等方法对它进行调理。如果调理后，猫咪没有好转且伴有恶臭或者呕吐，建议前往宠物医院，检查有无寄生虫感染，或者不小心吞下了异物。

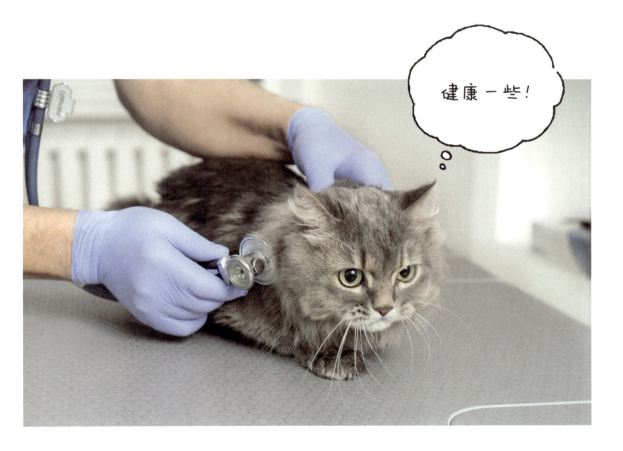

◎ 连续几天猫砂盆都没有便便

若是出现连续几天猫砂盆没有便便的情况，别以为自己养了只宝藏猫，它有可能是便秘了。众所周知猫猫不喜欢喝水，特别是夏天的时候，如果没有及时补充水分，又或者长期干粮吃多了，很容易出现便秘的情况。这时候，要尝试多给它喂水，以及增加罐头等湿粮。如果持续几天情况都没有好转，猫咪又出现胃口下降或无精打采的情况，就要尽快就医了。

◎ 便便出现怪异的颜色

一旦发现血便、白色线状或者米粒状便，不用多想，猫的身体肯定出现了问题。得用容器装上黄豆大小的粪便带上猫，立即去医院进行化验就医，因为这种情况极有可能是感染了寄生虫。

◎ 小便频繁但量少

这种情况不仅在中老年猫当中比较常见，在年轻的猫身上也会有，表现是频繁去厕所，但每次只拉一点点。排除饮水不足或者在新环境焦虑不安等心情因素之外，应注意猫猫是否有泌尿系统的疾病，例如膀胱炎、尿道炎或者结石。特别是公猫，容易因此引发尿闭。出现这种情况需要及时就医。

◎ 故意随地大小便

这里说的故意随地大小便，是指平时都会乖乖在猫砂盆便便的猫儿，突然一段时间在盆以外的地方大小便，甚至在地毯、床上等特别让人生气的地方。这时候要留意它有没有身体不适，特别是还没有做绝育手术猫猫，突然出现尿频、乱尿尿的情况，很有可能是处于发情期，或是有泌尿系统的问题。如果没有给它繁衍后代的打算，就请遵医嘱，在发情期过后带它进行绝育手术；如果怀疑是泌尿系统问题，则应尽快带它去看兽医进行检查和治疗。

7

绝育与护理

绝育的重要性、方法及术后护理

◎ 我们要不要给猫咪绝育？

这是一个略带沉重与争议的话题。一直以来，关于猫猫狗狗要不要绝育，"铲屎官"界一直存在着两种声音，两边都是抱着"为它们好"的出发点，各执一词。

讨伐绝育的观点主要集中如下：

绝育是扼杀天性的残忍行为。动物生来拥有生育权与繁衍后代的权利，猫猫的生育权、交配权，人类没有资格剥夺。

绝育会改变猫猫的个性。绝育会影响猫猫的心理健康，甚至产生自卑的想法，某些活泼好动的猫绝育后会变得懒惰沉默，拒绝互动。

绝育手术风险太大。是药三分毒，何况是动刀的手术？绝育手术的麻醉风险和开肠破肚的风险，以及术后感染的风险，都有可能对猫猫的身体健康甚至生命安全构成威胁。

而相比之下，支持绝育的观点则认为，给猫猫绝育，是对它们最负责任的行为：

降低多种疾病的发生。以母猫为例，成年母猫每隔 20 天左右会发情一次，如果在此期间没有交配，发情间隔还会进一步缩短，可以说是不交配就一直发情，即使交配怀孕生产结束，还会继续发情。如果每逢发情就交配，那它将会生下相当多的后代。如何负责地养育、安置这些小猫，也会成为猫主人不小的负担。而如果不给其交配机会，长此以往，也很容易产生很多的疾病。以下为未绝育母猫常见疾病。

子宫积液 / 蓄脓（子宫内膜炎）： 未绝育的母猫经历多个发情周期后，体内的雌激素和黄体酮水平升高，导致子宫内膜的反复增生与退化，进而增加子宫内膜腺体分泌，这容易引发细菌增生，造成严重感染。此外，母猫在发情期，子宫颈部分会开放，也增加了细菌从外部进入子宫的风险。

卵巢囊肿 / 肿瘤： 在发情过程中，猫咪会分泌大量的雌性激素，卵巢中未破裂的卵泡可能发生变性或萎缩，形成卵巢囊肿或肿瘤。这通常表现为猫咪长期精神急躁、消瘦，甚至外阴部可能出现血性或者脓性分泌物。

乳腺肿瘤： 这是母猫年老后最容易出现的疾病，发病率位列猫猫常见肿瘤的第三位。其中未绝育母猫的发病率是已经绝育母猫的 7 倍之多。未绝育的母猫一生中持续受到体内大量雌激素和黄体酮的刺激，乳腺组织发生异常增生的可能性显著增加。而且，猫咪的乳腺肿瘤是恶性的概率很高，达 90% 以上。

不仅仅是母猫，公猫如果经常进入发情期却无法交配也会引发一系列的健康问题。以下为未绝育公猫常见疾病。

泌尿系统疾病： 公猫的尿道窄且短，未绝育的公猫经常处于发情状态，会有频繁排尿以标记领地的行为，这会增加尿路感染的风险。而且随着年龄增长，公猫容易出现尿道堵塞和尿结石等问题，进而引发尿道炎、膀胱炎、前列腺肥大等其他泌尿系统疾病。

睾丸肿瘤： 未绝育的公猫体内雄性激素水平较高，长期处于高激素环境，增加了睾丸细胞的增生和突变风险。而且未绝育的公猫，睾丸处于活跃的生精状态，产生持续的细胞分裂和代谢活动，也会增加细胞突变的机会，进而导致肿瘤的形成。

减少传染病的传播。 绝育后，猫性行为减少，降低了通过交配传播的传染病风险，例如猫白血病病毒（FelV），猫免疫缺陷病毒（FIV）和猫衣原体感染。而且猫咪在交配过程中的咬伤或者抓伤行为，也可能传染猫杯状病毒（FCV）和猫疱疹病毒（FHV-1）。

减少行为困扰。未绝育的公猫和部分母猫，常通过喷尿来标记领地，导致家中有浓烈的难以清除的尿骚味。猫咪在发情期间，容易烦躁和焦虑，母猫会发出大声凄厉的号叫，公猫甚至会逃跑。绝育后的猫咪，攻击性与野性会有所降低，变得更为温顺。

减少社会与自然的压力。绝育可以防止猫的无序繁殖，从根本上减少流浪猫的数量。根据社会组织统计，流浪猫的平均寿命为 2~5 年，远低于家养猫的 12~15 年，且由于长期缺乏足够的食物与干净的水源，更容易感染寄生虫和疾病。缺乏护理的它们，不仅会提早死亡，也会继续无序繁殖，继续增加更多的流浪猫，对环境和其他动物造成困扰。

看到街上缺少食物、缺乏庇护的流浪猫，难免产生恻隐之心，除了有一顿没一顿的投喂之外，带它们去宠物医院做个绝育手术，也许是更负责任的做法。

相信养猫之人多是爱猫之人，每位"铲屎官"做决定之前都是以猫猫的福祉为主要出发点，如果决定给猫咪做绝育，接下来，就请了解猫咪做绝育注意事项吧。

一言难尽！

◎ 猫咪做绝育的常见方法

绝育前的注意事项

选择合适的时间： 一般建议猫咪在 6 个月大或体重达 2 公斤以上时进行绝育手术。这个时间段，猫咪的生殖系统发育已经初步完善，但是又还没有进入发情期，手术后的愈合效果也比较好。同时也尽量避免在疫苗注射期间安排绝育手术，因为猫咪的抵抗力会相对低下。

完善的术前检查： 带猫咪去兽医处做个全面的身体检查，排除心脏病、呼吸系统以及肝肾代谢功能疾病等，确保健康状况良好，适合进行手术。

提前禁食禁水： 手术前 6 小时禁食，4 小时禁水，幼年动物可以适当缩短禁水时间为 2 小时。这样可以避免麻醉时出现呕吐等意外情况。

咨询并选择合适的麻醉方案

注射麻醉： 直接来一针，几分钟之内倒头即睡。

优点——见效速度快，简单方便。

缺点——剂量难控制。虽然医生都会根据"主子"的体重来配药，但毕竟每只猫的体质不一样，对麻药的反应也不一样，手术中突然醒来或者术后长期不醒，都是我们不愿意看到的结果。

呼吸麻醉： 一般是先注射诱导麻醉剂，然后通过口腔插气体麻药呼吸管。

优点——剂量可控。医生可以在手术中，随时根据猫的反应调整麻醉剂量，精准掌握醒来的时间。手术后立即撤掉麻药呼吸管，猫很快能清醒过来，不用担心长睡不醒的情况。

缺点——需要特殊的麻醉设备，给猫口腔插气体麻药呼吸管的时候，可能会有点麻烦。

静脉麻醉： 和注射麻醉比，这个主要通过静脉把麻药打入血管，让猫几分钟之内入睡。

优点——见效快，剂量控制较为精准，安全性高。

缺点——对于那些"兽医鬼见愁"，每次都在宠物医院搞出几场戏的猫来说，要给它完成静脉注射对医生的技术有着比较高的要求。

每种麻醉方法都有自己的特性与适用性，负责任的兽医会根据每只猫猫的身体状况、性格、个性选择最合适的麻醉方法。作为"铲屎官"，只要认真甄选好的医院与医生，买好零食、玩具，术后照顾好、哄好猫就行啦。

猫咪绝育的常见手术方法

睾丸切除术（公猫）：简单来说，就是切除公猫的两个小蛋蛋（睾丸），整个过程不到半小时。术后一般几天就满血复活。

母猫绝育术（母猫）：通过手术移除母猫的卵巢和子宫，手术时间稍长。比起公猫，母猫的恢复时间稍长，需要 10~14 天。

◎ 绝育手术后的护理

在猫猫完成绝育手术后，有时会出现一些常见的问题，大多数属于其身体的正常反应，建议提前了解并做好准备：

术后呕吐：这是绝育手术后较为常见的一种反应，主要是麻醉药物的副作用引起。如果猫咪的呕吐不是特别严重，可以将其安放在安静舒适的环境中，术后同样需要禁食 6 小时，禁水 4 小时，不吐后可以先喝水，再吃东西。个别猫术后不吃东西是正常的，因为麻醉过后胃肠道蠕动缓慢，一般在 24~48 小时内逐渐恢复。对于特别"矫情"的猫猫，可以拿湿棉签蘸水放在它嘴边，激发它的舔舐。通常麻药副作用完全过去后，呕吐症状就会消失。但如果猫猫在短时间内持续呕吐多次，或者还有其他的异常情况，就请立即就医。

伤口发炎：术后伤口如果未能正确清洁与护理，或者猫咪舔舐过度，有可能导致手术伤口位置感染发炎。建议术后给猫戴上伊丽莎白圈 7~10 天，防止它舔舐伤口，每天定期检查伤口，确保伤口干燥清洁。如果发生伤口红肿、流脓的情况，立即联系兽医进行相应的处理。

食欲不振：由于麻药的反应或者身体暂时的不适，平日吃饭倍儿香的猫可能会出现胃口差的情况，不必强迫猫咪进食进水，一般术后 24~48 小时大部分猫咪都会恢复正常饮食。但如果出现术后 48 小时都拒绝饮食的极端情况，就得立即咨询兽医了。

行为怪异：焦躁不安、跳上桌子、发出与平日不一样的喵喵叫声、撕咬家具……如果猫咪在麻药醒后发生一些以往不会有的怪异行为，有可能是它手术后身体不适的反应，这时候可以尽量给它提供熟悉舒适安静的环境，提供喜爱的玩具，适当帮助其分散注意力，通常这样的反常行为在 24 小时内逐渐消失。

尿频或者失禁：这种情况不常见，但部分猫咪可能因为手术期间的尿液潴留，在麻药醒后会出现尿失禁的情况，这时候以安抚其情绪为主，通常该症状在几个小时内消失，如果持续尿失禁，也得立即联系兽医进行检查。

综上所述，猫猫进行绝育手术后，身体可能会出现一些反应或者行为改变，其中大部分问题可以通过正确的护理得到解决，"铲屎官"需要做的是密切观察它们的恢复过程，给予适当的关心与宠爱，让它们重新回归正常的生活哦。

一些基本的急救措施

◎ 中毒

原因：调皮的猫咪误食了有毒的植物（如百合花）、化学物品（如杀虫剂、清洁剂）、药物（如对乙酰氨基酚）、食物（如巧克力、洋葱）等引发中毒。

症状：呕吐、腹泻、流口水、呼吸困难、肌肉颤抖、癫痫发作。

急救措施：立刻带猫咪去动物医院。在带去之前，可以尝试让猫咪吐出毒物（仅限于非腐蚀性毒物）。如果你知道猫咪误食了什么毒物，带上毒物的包装或样品。

预防措施：确保家中没有有毒植物；化学物品和药物远离猫咪、密封入柜；不给猫咪喂食不适合它们的食物；定期检查家居环境是否存在潜在的危险物品。

◎ **骨折**

原因：高处跌落、交通事故、与其他动物打架、意外踩踏等。

症状：跛行、肢体异常弯曲、疼痛反应强烈。

急救措施：如果怀疑猫咪骨折，应该尽量减少它的移动，将受伤部位用干净的布料或绷带轻轻包裹固定，然后迅速带猫咪去专业的动物医院。

预防措施：避免让猫咪独自接触高风险环境，高楼阳台务必封窗；监督其与其他动物的互动；确保家中没有可能引发骨折的危险物品或环境。

◎ **窒息**

原因：误食异物（如线、塑料袋）、食物卡喉、误吞玩具。

症状：猫咪突然无法呼吸、口唇变蓝、产生剧烈咳嗽或完全无声、神志不清。

急救措施：检查猫咪的喉咙是否有异物。若能看到可尝试小心取出。如果无法操作，尽快带去动物医院。

预防措施：监督猫咪进食，避免喂食体积过大或易卡喉的食物，不建议喂食鱼骨头；选择安全、大小合适的猫咪玩具；妥善处理家中的小物件，防止猫咪误食。

◎ **烫伤或烧伤**

原因：猫咪不小心打翻热水、热食或接触到烤箱、炉灶、烫发器等高温物品。

症状：皮肤红肿、起泡、掉毛，猫咪表现出强烈的不适。

急救措施：迅速打开水龙头，用冷水冲洗烧伤部位至少10分钟，避免直接使用冰块刺激，用干净的布轻轻覆盖烧伤区域，并立即带猫咪去动物医院。

预防措施： 避免让猫咪靠近厨房或浴室等高温危险区域；在使用高温物品时确保猫咪不在附近；妥善管理家中的电器和热源，防止猫咪意外接触。

◎ **休克**

原因： 严重创伤（如骨折、内出血）、中毒、严重感染、过敏反应、幼猫低血糖。

症状： 猫显得虚弱、心跳加速、呼吸急促、口唇变白、神志不清。

急救措施： 保持猫咪平躺，避免喂食或饮水，迅速带猫咪去动物医院。

预防措施： 避免让猫咪接触有潜在危险的物品和环境；定期体检，确保猫咪健康；任何伤病及时处理，避免拖延导致病情加重；在发现异常情况时，迅速就医。

◎ **热衰竭**

原因： 长时间暴露在高温环境中，缺乏足够的水分和通风。这种情况最多出现在炎炎夏日主人离家时，不小心把猫咪关在封闭的小空间里。

症状： 呼吸急促、舌头和口腔变红、虚弱、呕吐、昏迷。

急救措施： 将猫咪移到阴凉处，用湿毛巾覆盖身体，尤其是腹部、腋窝和后腿内侧。避免直接使用冰水降温，保持通风并尽快带猫咪去动物医院。

预防措施：千万不要在高温天气中将猫咪留在车内或阳光直射的地方；提供充足的饮用水和凉爽的环境；酷暑季节，就不要带它们出去野了，确保其能够避暑。

猫咪天性好奇心强，在"铲屎官"之间有句玩笑话：照顾猫咪，除了不用辅导作业，付出的心力和带一个"熊孩子"差不多，每时每刻都要操心。当然，猫咪带给你的温暖与甜蜜，也一样对得起你对它的爱。

新生、怀孕、老年等特殊时期的照顾

◎ 新生小猫

我们通常说的新生小猫，一般指的是刚出生到 3 个月的小猫，这个时候，小毛团可是一点自我照顾的能力都没有，全靠猫妈妈或"铲屎官妈妈"的悉心照顾，才能健康快乐地成长哦。

喂食篇：少食多餐防呛奶

猫咪配方奶粉：猫妈妈在身边的肯定优选母乳喂养，但如果小猫不在妈妈身边，就得给它准备专用的猫咪配方奶粉，或者羊奶。刚出生的小猫咪就像迷你版的吃货，但千万不要喂多。每次给小猫咪喂奶，可以参考给婴儿喂奶的姿势：把小猫咪竖着抱，防止呛奶，餐后再温柔地拍嗝——小猫咪也需要打个嗝缓缓！

切记：1 ~ 3 个月的小猫咪还不能吃成猫猫粮。

卫生篇："妈妈"上身手把手教

准备一个小号猫砂盆，铺上柔软的猫砂，然后上手展示一下"挖坑填坑"的技术，小猫咪会很快学会的！如果它们不合作，可以用它们的爪子轻轻刨几下猫砂，做个示范。猫咪长大后会通过舔舐自己达到清洁的作用，但刚出生的小猫咪还不会自己清洁，这时候可以给它们准备温水和柔软的布，每天帮它们擦拭一下，保持干净，没有特殊情况不需要给它们洗澡。

健康篇：密切观察不松懈

新生小猫咪非常脆弱，及时发现并处理它们的健康问题非常重要。以下是一些常见的症状及对应的处理方法：

体温异常： 小猫咪体温应保持在 38.1~39.4 摄氏度。体温过低（低于 37.8 摄氏度）或过高（高于 39.7 摄氏度）都可能是健康状况的信号，可结合猫咪的精神状态做进一步的判断。

体温过低，用温暖的毛巾或电热垫包裹小猫咪，确保温度不过高，避免烫伤。

体温过高，如果伴随着精神状态不好和食欲不振，就要及时就医；如果猫咪精神状态良好，可将其置于凉爽环境，并用湿毛巾轻轻擦拭降温，间隔一段时间测量体温观察，必要时就医。

食欲不振：正常情况下，小猫咪会积极吃奶，食欲不振可能是疾病的信号。持续观察小猫咪的精神状态和体温，如果超过半天时间不吃，及时带它们去看兽医。

呕吐或腹泻：偶尔呕吐或轻微腹泻可能是消化问题，但频繁的呕吐或严重腹泻需要关注，如果情况严重，立刻就医，特别是幼龄猫咪出现呕吐拉稀又伴有精神萎靡时，一定要及时就医。

呼吸异常：正常情况下，小猫呼吸平稳，如果出现呼吸急促、困难或有喘息声，说明可能存在呼吸系统问题。这时候需要保持小猫咪的生活环境通风良好，避免有烟雾或强烈气味，并立即带它们去看兽医。

眼鼻分泌物异常：正常情况下，小猫的眼睛和鼻子应干净，如果出现大量分泌物或眼睛发红、流泪，可能是感染或其他问题。可以用温水软布轻轻擦拭眼睛和鼻子周边，观察分泌物是否持续增加，如果是，及时就医。

皮肤和毛发问题：新生小猫的皮肤应光滑无红肿、无脱毛现象。如果发现皮肤发红、肿胀或毛发脱落，可能是皮肤病或过敏。首先检查小猫咪的生活环境，确保干净卫生。使用温水软布清洁皮肤，如果问题持续，带它们去看兽医。

精神状态异常：健康的小猫咪每天主要活动是吃、睡、玩，活泼好动，如果小猫咪一直表现出嗜睡、无精打采或行为异常，需引起注意。这时候需观察小猫咪的饮食和排便情况，确保其生活环境舒适。如果持续无精打采，及时就医。

切记：定期带小猫咪去看兽医，进行疫苗接种和健康检查。

睡眠篇：温暖柔软像妈妈

小猫需要一个温暖的地方睡觉，准备一个柔软的箱子或者猫窝，放上几条毛巾或者小毯子。刚出生的猫咪急需安全感，所以窝里最好有一个小玩具作为陪伴。小窝最好安置在家中相对安静、封闭的地方，不要安排在没有封窗的阳台、人来人往的走廊等地，否则会增加它的焦虑与不安。

玩耍互动篇：精力充沛

小猫咪精力充沛，准备一些逗猫棒、小球和毛绒玩具，让它们尽情玩耍。如果有条件，给小猫咪准备一个小型猫爬架。每天花些时间和小猫咪互动，轻轻抚摸它们，和它们说话，与小猫的感情就这么慢慢培养起来啦。

新生小猫就像小婴儿，需要看护者细心观察和温柔照顾，一旦发现异常情况，尽早采取措施。希望每位养育者，都与自己的小猫度过一段充满乐趣和爱的旅程，享受每一个温馨的瞬间。

◎ **怀孕猫**

照顾怀孕猫咪，也就是准猫妈妈，和普通的猫猫相比，需要一些特别的关注和爱护：

饮食篇：确保高蛋白和高能量

怀孕的猫咪需要高蛋白、高能量的食物，才能确保"一大多小"的营养摄入，建议选择优质的怀孕或哺乳猫粮，并确保有足够的清水。怀孕中后期，尽管食欲增加是常见现象，但通常维持正常饮食即可，不建议大幅增加食量，因为过度进食可能导致胎儿过大，增加难产的风险。如果猫咪突然没有食欲，或体重剧增或骤减，建议及时咨询兽医。

休息篇：安静和安全感是首选

请务必为孕期猫妈妈准备一个安静、温暖和舒适的休息区，避免其他宠物或小孩子打扰。适度的运动有助于猫咪保持健康，但切记避免过度运动，以防孕期猫妈妈受伤，逗猫棒、激光棒这些玩具，暂时可以收起来了。孕期猫妈妈可能变得更依赖或更独立，记得给予它更多的关爱和安慰。

孕期疾病和意外状况的分辨及处理

流产：如果怀孕猫咪出现阴道出血或异常分泌物，可能是流产迹象，需立即就医。

妊娠毒血症：如果怀孕猫出现呕吐、嗜睡、食欲不振等症状，可能是妊娠毒血症，需要联系兽医检查和治疗。

感染：怀孕猫咪易受感染，如果出现发热、食欲减退、精神萎靡等症状时应尽快就医。

生产期间的准备

准备生产箱：在生产预期日期前，准备一个干净、柔软的生产箱，并引导孕期猫妈妈熟悉。

观察生产迹象：准备生产的时候，猫会表现出不安、不停舔自己的身体、找安静的地方等迹象。它可能会出现挖掘的动作、躺下并呼吸急促。

生产过程：生产通常持续几个小时。第一只小猫出生后，其他小猫会相隔10~60分钟出生。可以在一旁观察猫妈妈是否需要帮助，但尽量不要打扰。

紧急情况处理：如果猫妈妈在生小猫时出现剧烈疼痛、长时间努力但无小猫出生，或生产超过 24 小时未完成，应立即联系兽医。

照顾怀孕的猫咪需要格外的耐心和细心，适当的营养、舒适的环境、定期的兽医检查缺一不可，如果有任何疑虑或不确定的情况，及时咨询兽医是最好的选择。

◎ 老年猫

看着猫猫从刚出生的小毛球，长到活泼跳跃的壮年期，再慢慢进入反应迟缓、动作迟钝的老年期，短短十几年的生命中，猫与主人能够相依相伴，是彼此的幸运。步入 10 岁的猫猫，就可以作为老年组的选手了，在它们猫生最后的时光，我们也可以再多做一些，让它们过得更加安心、温馨、舒适。

健康观察篇：吃喝拉撒全方位

食欲减退、体重变化：年轻时候的大胃王，老了之后也会出现食欲减退的情况，平时最爱的罐头、小鱼干，渐渐都失去了兴趣。食欲慢慢消退算是老年猫常见的情况，"铲屎官"要定期给老猫称体重，如果发现体重突然明显下降，那就需要带它们去见兽医了。

毛发暗淡、脱毛：步入老年后，猫猫的毛发不如以前柔顺有光泽，会逐渐变得暗淡、干枯，或者在换季之外的时期出现大量脱毛，某些部位的毛发明显变稀疏，甚至出现秃斑。闲暇时猫咪可能频繁舔毛或者抓挠皮肤，皮肤还可能出现皮屑、红斑、结痂等情况。

这种时候，除了确保它们的饮食中有充足的蛋白质、必需的脂肪酸、维生素和矿物质之外，还可以补充一些 Omega-3 和 Omega-6，这有助于皮肤和毛发的健康（详情请遵医嘱）。同时，避免过度频繁洗澡。可以每天用合适的梳子给它们梳理毛发，去除松散的毛发，促进血液循环。如果皮肤出现严重的红肿、感染、溃烂等情况，则需要立即就医。

听力视力下降：当你的猫突然对门铃声、呼唤声或者其他家庭常见的噪声没有反应，或者反应迟钝，睡觉不容易被叫醒，那么基本可以判断它出现了听力下降的情况了。如果它还不时碰撞到家具、墙壁或者其他物体，走路的时候显得犹豫、不稳，瞳孔在明亮的光线下略为变大，那么它可能出现了视力下降的表现。出现这类问题，措施如下。

保持环境稳定：这个时候，为了照顾它们更好地生活，尽量不要频繁移动家具和其他物品，让它们依赖自己的记忆导航行动。

做好安全措施：确保家中没有尖锐或者危险的物品，防止它们因为视力或者听力下降而受伤。

提供感官刺激：可以考虑增加一些不同气味、不同质地的用品与玩具，刺激它的感官。

都会变老！

更多互动与安抚："铲屎官"要花更多的时间与猫咪互动，包括轻拍、抚摸和说话，让它们持续接收熟悉的感受。

但是，如果发现老年猫突然完全失去的视力或者听力，例如频繁的碰撞、食欲不振、眼睛分泌物增加，或者耳道有异味、流血、分泌物大量流出的情况，就需要立即就医，排除其他的健康问题。

从社交达人变不爱出门：老年猫的活动量会相应减少，用更多的时间来睡觉或者休息，性格上可能会有两种变化，一种是更加依赖主人，另一种是变得更加独立和孤僻，这两种情况都是正常的。但如果发现其有严重的症状，如呼吸困难、剧烈呕吐、持续腹泻或者无法站立，立即带它们去看兽医，不要拖延。

饮食篇：营养均衡是关键

老年猫需要特别的饮食呵护，就像人老了一样，尽量给它们选择低脂肪、适中蛋白、富含维生素和矿物质的猫粮。注意老年猫蛋白质摄入更应适量，以避免给肾脏和肠道增加负担。如果猫咪牙口不好，尝试湿粮或者将干粮泡软，让它们吃得更舒服。

起居篇：方便最重要

尽量保持家中布局不变，不要有装修等行为，以防猫咪被新事物刺激。可以在家中不同的空间里，多准备猫砂盆和水，配置方便它们进出的低边猫砂盆。平时猫猫喜欢跳上窗台等高处的，可以给它们放些小矮凳或者台阶，以免它们一下跳不上去或者摔下来，伤了关节又伤自尊。

家有老猫，需要定期带它们去动物医院进行健康体检，检查口腔、眼睛、耳朵、毛发等，看看有没有明显的异常，这样有助于及时发现和处理潜在问题。照顾老年猫咪需要更多的耐心和关爱，就像照顾一位年长的亲人。只要用心，它们也能享受晚年的美好时光，陪伴你走过更多的岁月。

8

疾病防与治

　　猫也会经历生老病死，要度过愉快的一生，当中很重要的一点当然是身体健康少生病，但是猫与一般的动物不一样，它们特别隐忍，一般不是病得非常严重，是坚决不会表露出来，这是在自然界当中它们为了防止敌人的攻击，与生俱来的本性。同时，猫咪对疼痛的耐受力也比较高、独立性也强，导致它们因为生病而产生的行为变化比较细微，很容易被忽略。

　　另外猫咪的很多疾病发展缓慢，例如慢性肾病等在发病初期很难被发现。有鉴于此，"铲屎官"要格外细心、细致，不仅要给家中爱猫提供定期体检，也要关注日常行为及习惯的细节，及早发现问题。

常见疾病的识别与预防

◎ 猫瘟（猫泛白细胞减少症）

病因： 猫瘟就像猫界的"流感"，但比流感更凶猛，是一种由 FPV 病毒（Feline Panleukopenia Virus，猫泛白细胞减少症病毒）引起的疾病。该病毒属于高传染性病毒，能通过猫咪之间的亲密接触或污染的环境传播，除了可以通过唾液、粪便、血液传播，病毒还能在受污染的环境中存活很长时间，例如猫咪的食具、水盆、猫砂盆等。受到感染的猫妈妈，也会把病毒传染给幼猫。

识别办法： 猫瘟的症状通常在感染后的 2 到 10 天内出现，表现形式多种多样，例如发热超过 39.5 摄氏度、频繁呕吐和严重腹泻、腹泻伴血、食欲不振、脱水、精神萎靡不振等。

预防措施： 猫瘟主要靠接种疫苗来预防。通常建议幼猫在 8~9 周龄接种首剂猫三联疫苗，随后每隔 3 至 4 周加强一次，直至 16 周龄完成基础免疫。对于成年未接种过的猫，建议接种两针，间隔 3 至 4 周。基础免疫完成后，应在 1 岁时接种一次加强针，之后每 1~3 年进行一次加强免疫。具体的疫苗接种计划可能因地区、猫咪健康状况和疫苗品牌而不同，最好咨询兽医来定制适合的免疫方案。

环境卫生： 保持猫咪的生活环境清洁，定期消毒食具、水盆、猫砂盆等用品。平时也注意让猫的生活环境保持干净，不要去各种猫混杂的地方，避免和"病号猫"玩耍。

◎ 猫艾滋病（FIV）

病因： 猫艾滋是一种由猫免疫缺陷病毒（FIV，Feline Immunodeficiency Virus）引起的慢性传染性疾病，主要通过母婴传播、血液传播、猫咪之间的咬伤传播。

识别办法： FIV 感染的症状可能在几个月甚至几年内不会显现，病毒的进展分为以下几个阶段。

- 急性期：感染初期，猫咪可能出现轻微的发热、淋巴结肿大、食欲减退等非特异性症状，持续几周到几个月。
- 潜伏期：此阶段症状不明显，可能持续数月到数年，但病毒仍在体内持续复制。
- 终末期（艾滋病阶段）：免疫系统被严重破坏，猫咪容易患上各种继发性感染和疾病，如口腔炎、牙龈炎、皮肤感染、呼吸道感染、慢性腹泻和体重减轻等。

预防措施： 由于 FIV 没有有效的治疗方法，因此预防是关键。预防措施有以下几点。第一，隔绝病猫，尽量让猫在室内生活，避免与外面的猫接触，尤其是陌生猫和流浪猫；第二，给猫绝育，绝育可以减少攻击性，降低打架的概率，从而减少感染机率；第三，定期体检，带猫咪去合格兽医处进行检查，确保所有医疗器具的消毒，避免交叉感染，早期发现并管理任何健康问题；第四，器具划分，多猫家庭则要避免共用食具和水盆。

◎ 猫白血病

病因： 猫白血病是一种严重的猫科动物传染性疾病，由猫白血病病毒（FeLV，Feline Leukemia Virus）引起，被称为猫界的"隐形杀手"，主要通过唾液、鼻涕、尿液、咬伤及母婴传播。

识别办法：

急性期： 感染初期可能无明显症状，或仅有轻微发热、淋巴结肿大、虚弱和食欲不振。

潜伏期： 病毒在体内潜伏，可持续数月到数年，无明显症状，但病毒仍在体内复制并损害免疫系统。

慢性期（晚期）： 免疫系统严重受损，猫咪容易患上继发性感染和疾病，如贫血，表现为虚弱、苍白的牙龈和呼吸急促；癌症，如淋巴瘤、白血病；慢性炎症，如口腔炎、牙龈炎、皮肤感染；体重减轻，如长期食欲不振和体重下降；神经系统症状，如癫痫、行为改变和共济失调。

预防措施： 打疫苗是王道，让猫咪远离可疑的"病猫"，杜绝打架机会，定期做检查。

◎ 上呼吸道感染（URIs）

病因： 上呼吸道感染在猫咪中非常常见，常称为"猫感冒"，主要由病毒和细菌感染引起，可通过空气和接触传播。其中常见的病因有猫杯状病毒感染、猫疱疹病毒、支原体、衣原体感染等。

识别办法： 打喷嚏、流鼻涕、咳嗽、眼睛分泌物增加、食欲下降、嗓音沙哑、呼吸困难，和人类感冒症状非常相像。

预防措施： 第一，定期疫苗接种，给猫咪接种猫三联疫苗（包括猫瘟、猫杯状病毒和猫疱疹病毒）。第二，保持环境卫生，定期清洁猫咪的生活环境，防止病菌滋生。第三，设定新猫观察期，如果有新猫咪加入家庭，先隔离观察一段时间，确认健康后再让它与其他猫咪接触。第四，健康饮食与适量运动：提供均衡营养和适当的运动，增强猫咪的免疫系统。

同时，如果猫咪出现上呼吸道感染症状，应尽早就医，以防止病情恶化。部分感染（如猫疱疹病毒）可能成为慢性疾病，需长期治疗。

◎ **肾病**

原因： 猫患肾病是一种常见的健康问题，主要由遗传、饮食不当、感染、中毒、损伤等情况导致，老年猫尤其易得。

识别办法： 猫患肾病后症状是逐渐出现的，包括频繁喝水、尿多、食欲不振、呕吐、体重减轻、口臭或者口腔溃疡、贫血、牙龈发白、精神萎靡或者嗜睡。当猫猫出现这些症状的时候，得带它去动物医院做体格检查，检查血清肌酐（CREA）、尿素氮（BUN）等指标，以评估肾功能，并检测尿液的比重、蛋白质含量和细菌等，判断肾脏健康状况。超声波或者 X 射线检查，也能观察到肾脏的结构大小，寻找是否有肾结石、肿瘤等异物。

预防措施：

均衡饮食： 提供适当比例的蛋白质、低盐饮食，避免增加肾脏负担。

保持水分充足： 确保猫咪有足够的饮用水，促进肾脏排毒功能。

定期兽医检查：尤其是对老年猫咪，应定期进行血液和尿液检查，早发现肾病迹象。

预防感染：保持猫咪的生活环境清洁，防止细菌、病毒感染。

谨慎用药：避免使用对肾脏有毒的药物，如需用药，严格遵医嘱。

监测体重：注意猫咪体重的变化，及时调整饮食和生活方式。

遗传筛查：对有肾病家族史的猫咪进行遗传筛查，及时采取预防措施。

一旦发现猫咪有肾病症状，应立即就医。早期诊断和治疗可以显著延缓病情进展，提高猫咪的生活质量。对患有慢性肾病的猫咪，需要主人长期的耐心管理，包括特殊饮食、定期检查和适当药物治疗。

◎ 牙龈炎和牙周病

病因：口腔卫生不好，食物残渣和细菌在牙齿表面形成牙菌斑，久而久之变成牙石，引发牙龈炎和牙周病。某些细菌感染也会导致牙龈和牙周组织发炎，如果猫猫感染了猫艾滋病毒或者白血病病毒，也会有感染风险。另外，猫疱疹病毒和杯状病毒感染也会引发慢性口腔炎，特别是杯状病毒，常导致严重的炎症反应和口腔问题。

识别办法：口臭、牙龈红肿、脸蛋肿胀、流口水、牙齿松动或者脱落、食欲不振，有些猫咪还会因为疼痛变得烦躁不安。

预防措施：日常要定期给猫刷牙，使用专为猫咪设计的牙刷和牙膏，提供咀嚼玩具或牙齿护理食品，避免提供过多的软食和高糖食物，定期检查和清洁口腔。

◎ 糖尿病

病因：体重过胖的猫最容易患上糖尿病。不要追求胖嘟嘟的手感，体重过胖会导致胰岛素分泌不足或抵抗，使猫猫更容易患上糖尿病。部分品种的猫，例如缅因猫，或者患有胰腺炎、甲状腺功能亢进症的猫，也更容易患上糖尿病。

识别办法：最常见的表现是"三多一少"，猫咪会变得异常口渴，喝水多，尿量显著增多，且尿液气味较重；尽管食欲增加，体重却逐渐减少。此外，猫咪可能表现出毛发干燥无光泽，皮肤感染增多，甚至口腔散发出类似丙酮的异味。如果病情加重，还可能导致后肢无力或行走困难。

预防措施：控制体重防止胖猫出现，合理选择高蛋白、低碳水化合物的猫粮，减少糖分摄入，每天花时间与猫咪互动，以促进新陈代谢。如果怀疑猫咪患上了糖尿病，就尽快带他们去医院进行血糖检测哦！

疫苗接种与驱虫计划

对于猫猫来说，疫苗就像是它们身体的一个盔甲，可以抵挡很多病毒与细菌，减少对身体的伤害。这当中，有一些属于核心疫苗，是强烈建议必须接种的。

◎ 核心疫苗

猫瘟疫苗（猫泛白细胞减少症疫苗）：这种疾病由猫瘟病毒引起，接种猫瘟疫苗可以预防感染。

我也得打针！

首次接种：8~9 周龄。

后续接种：每隔 3~4 周接种一次，直到 16 周龄（最后一针建议在 16 周龄以后接种，以确保免疫系统完全成熟，从而提供更持久的保护）。

加强针：1 岁时接种一次，以后每 1~3 年接种一次，具体间隔根据疫苗种类和兽医建议决定。

猫杯状病毒和猫疱疹病毒疫苗（猫病毒性鼻气管炎疫苗）： 这两种病毒通常会引起猫的上呼吸道感染，接种可以预防这些常见的呼吸道疾病。

首次接种：6~8 周龄。

后续接种：每隔 3~4 周接种一次，直到 16 周龄。

加强针：1 岁时接种一次，以后每 1~3 年接种一次，具体间隔根据疫苗种类和兽医建议决定。

狂犬病疫苗： 虽然猫感染狂犬病的概率较低，但很多地区要求猫咪接种狂犬病疫苗以保护公共健康。

首次接种：12~16 周龄。

加强针：1 岁时接种一次，以后每 1~3 年接种一次，具体间隔根据疫苗种类和当地法规决定。

具体的接种计划应根据猫咪的健康状况、生活环境和兽医的建议进行调整，在接种疫苗前后，还有一些特别需要注意的事项。

健康检查： 在接种疫苗前，确保猫咪身体健康。生病或免疫系统受抑制的猫咪应延迟接种。

遵循接种间隔时间： 确保遵循推荐的接种间隔时间，不要提前或延迟接种，以保证疫苗的效果。

不良反应监控： 接种后观察猫咪是否有不良反应，如食欲不振、嗜睡、局部肿胀或过敏反应，必要时联系兽医。

防止应激： 尽量减少接种时的应激反应，可以带猫咪熟悉兽医诊所的环境，或使用镇静剂（在兽医指导下）。

记录管理： 要有详细的接种记录，包括疫苗种类、接种日期和加强针接种时间。

猫咪上医院

别看猫平时在家里称王称霸，一出家门可是大怂包，高敏感的猫猫更是立即浑身长刺，恨不得会隐身术躲起来。除去带出门的困扰，很多猫到达医院之后也会有应激反应，不仅闹得人仰马翻，徒增伤员，还有一些猫咪直接紧张得引发呼吸急促。因此，在带它们前往医院之前，一定要做好万全的准备。

◎ **物品准备**

猫咪运输笼（包）： 选择一个结实、透气、大小适中的运输笼，确保猫咪在里面感到舒适和安全。提前几天让猫猫钻进去玩耍，提前熟悉运输笼，避免临时放入造成应激反应。

病历等医疗记录： 带上猫猫的疫苗接种记录、过去的病历和过往兽医的联系方式。这有助于兽医了解猫咪的健康历史。如果是第一次上医院，对于应激反应大或者胆小的猫咪，建议提前与医生联系，咨询医生是否有猫咪口服的镇静药。

食物和水： 带上少量平时吃的食物和饮用水，以防长时间等待后饥饿。

猫砂盆： 如果路途遥远，或者需要长时间等待，可以带一个小的便携式猫砂盆，方便猫咪如厕。

毛巾或毯子： 带上它平时熟悉的毛巾或毯子，可以帮助猫咪在陌生环境中感到安心。

玩具或安抚物品： 带上一两个猫咪喜欢的玩具或安抚物品，帮助它们放松。

清洁用品： 带上纸巾或湿巾，以备不时之需。

看完清单，是不是觉得并不比带一个小婴儿出门省事？装备齐全了，出门就医的信心也就充足了。

◎ **注意事项**

提前预约： 提前与兽医诊所预约，避免长时间等待。

安全运输： 确保猫咪安全地放在运输笼中，避免直接抱着猫上车，不然沙发垫子被抓破是小事，躲到刹车片附近或者驾驶位下面，崩溃的可是自己。

保持冷静： 主人的情绪会影响猫猫，所以时刻保持冷静和耐心，给猫咪安抚和鼓励。

提前禁食： 在带猫咪去医院前，最好禁食几小时，以防止因紧张引起的呕吐。

避免喧闹： 医院里可能有很多其他动物和噪声，特别是狗叫声，尽量让猫待在运输笼内并将笼子放到安静的角落，避免它们受到过度刺激。

及时沟通： 在看诊时，向兽医详细描述猫猫的症状和任何你观察到的异常情况，提供尽可能多的信息帮助诊断。

遵医嘱： 看诊后，严格按照兽医的建议和处方进行护理和治疗，及时复诊。

叁

一

猫咪玩耍
— 互动篇 —

"究竟是猫在玩我，还是我在玩猫" ‑ ‑ ‑ ‑ ‑ ‑ ‑ ‑ ‑ ‑ ‑ ‑ ‑ ‑

很多人认为，猫是一种相对冷漠的动物，与人类情感共鸣较低，互动性也不强，且几乎没有服从性，作为宠物有啥好玩的啊？一不小心还被它挠几下，留下几条血痕。抱有这种想法的，大部分对猫不够了解，毕竟和猫互动比起与其他宠物的互动，还是有一些门槛的。这首先需要的是：扭转"我在玩猫"这种想法，改为"我在陪我的猫玩"，心态改变了，一切都顺畅起来了。

猫自主性很强，与其他被驯化的动物不同，猫是自己选择了与人类一起生活（而不是相反）。不过，玩什么，怎么玩，什么时候玩，基本都是它自己说了算——买了价格不菲的玩具，它没兴趣也没用，宁愿自己去咬毛线球；安装了昂贵的猫爬架，想训练它优雅地拾级而上，它可能看都不看，而是不停蹦跶到电视机顶上去走猫步；饭后想挠挠它撸一把，它反而一个后腿踢过来，转身自己抱头呼呼大睡……看上去猫并不依赖主人，但实际上，猫猫有自己独特的方式，来表达对主人的喜爱。

相比起狗儿用摇尾巴、扑向主人，甚至舔脸的行动表示喜爱，猫更喜欢用眼神和声音（被抚摸时的咕噜声）与主人交流情感。比如，当猫咪眯着眼睛望着你时，那是它在向你传递信任与安心；当它在你身边发出轻柔的咕噜声，说明它此刻感到极为舒适和满足。猫还会通过轻蹭你的腿或将自己蜷缩在你身旁，来表达它对你的依恋。不过，猫咪喜欢安静和规律的生活环境，还是个夜行性动物，所以基本上它情绪活跃的大部分时间，主人都在睡觉。

但幸好，不一定要激烈的玩耍，简单的陪伴也能让猫咪们感到大大的满足。无论主人是在工作、读书，还是在看电视时，让猫咪在一旁打转或仅仅是安静陪伴，对猫猫来说，都不失为一种"玩"与甜蜜的互动。多观察、多尝试，相信每位光荣的"铲屎官"，都能找到与自家猫咪最融洽的玩耍互动方式。

和猫咪尽情玩耍

互动时机：学会辨别猫的情绪

都说猫是一张冷漠脸，长年累月没有表情，首先，猫不是没有表情，只是不容易被察觉，其次，表情不明显不代表没有情绪。猫咪的情绪与人类一样丰富，辨别猫的情绪主要依赖于观察它们的身体语言和行为。学会辨别猫的情绪，能更好地与猫猫互动哦，以下是一些常见的情绪及其对应的表现方式：

◎ 放松和快乐

身体语言： 猫的身体放松，尾巴自然下垂或轻微上翘。耳朵向前或轻微向侧，眼睛半闭或者微眯，偶尔舔舐自己的毛发，可能会发出轻柔的呼噜声，表现出对环境的满意。

如何应对： 这时候的猫猫是个小天使，正等你过去和它玩呢！可以轻柔地抚摸猫，给它一些喜欢的玩具或零食，保持平静的环境，增强它的安全感。

◎ 紧张

身体语言： 猫的身体僵硬，尾巴可能夹在腿间或竖立。耳朵向后贴着头，瞳孔可能扩大。猫可能会隐藏在角落或躲在物品下。

好玩不？

如何应对： 这时候就不要想着硬拉猫出来玩耍了，尽量减少猫的压力源，创造一个安静、安全的环境。避免突然的声音和动作，给猫提供隐蔽的地方以便它感到安全。

◎ 愤怒或防御

身体语言： 猫的背部拱起，毛发竖立，尾巴鼓起。耳朵向后折，瞳孔放大，还可能会发出嘶嘶声或低吼声。

如何应对： 如果猫猫这样的状态，请务必保持距离，不要逼近或试图抚摸猫，如果它生气是因为某些人或其他动物，尝试找出原因并解决冲突。确保猫有一个安静的避风港，供它在感到威胁时躲避。

给它足够的空间来冷静下来，避免任何可能让它更加烦躁的情况。

◎ 好奇和活跃

身体语言： 猫的身体直立，尾巴直立或轻微弯曲。耳朵竖立，眼睛睁得大大圆圆的，还可能主动走近你或对周围的环境表现出强烈的兴趣。

如何应对： 快来和我玩吧！这时候，"铲屎官"可以提供一些玩具或活动来满足它的好奇心和探索欲，大胆地与猫互动。

◎ 焦虑

身体语言： 猫焦虑时可能表现为过度舔毛、过度修整或自我抓挠，在家中四处走动，好像在寻找逃避的地方，食欲下降或频繁进食，有时可能还可能会出现尿失禁或其他行为异常。

如何应对： 尽量找出并减少导致焦虑的因素，例如家庭环境的变化或其他压力源，使用舒缓的猫咪喷雾剂或安抚产品，如费洛蒙扩散器，有助于减轻焦虑。平日注意保持规律的生活习惯，给猫提供稳定的环境。增加猫的活动量，提供玩具和互动。

◎ **不适或生病**

身体语言： 猫可能表现出不寻常的行为，如食欲下降、隐蔽、频繁打哈欠等。身体可能显得萎缩，毛发可能有些凌乱。

如何应对： 观察猫的变化，如果症状持续或加重，最好带猫去兽医那里检查。提供舒适的环境，并尽量减少猫的压力。

正确撸猫是一项技术活

养猫不撸，等于暴殄天物。什么？直接上手按倒？请了解一下"猫咪打败大蟒蛇""鳄鱼也遇到强劲对手"等新闻，猫耍起"降龙十八掌"来，那可是完美结合了少林拳、咏春等既快又狠的招式。撸猫时想要快乐、平和、满足的感觉，真得好好研究一下"撸猫招式"，否则，你很可能会挂满血痕或者跑去打狂犬疫苗。

正确地撸猫可以增加你和猫咪之间的亲密感，但不当的抚摸方式可能会让猫咪感到不舒服甚至反感。以下是一些详细的指南。

 应该抚摸猫的哪些部位？

◎ **头部和面部**

耳朵后面： 大多数猫咪喜欢被轻轻揉搓耳朵后面，更重要的是，这个部位，它就算想反抗，也反抗不了。

下巴： 轻柔地挠猫下巴，猫别提多喜欢了，呼噜呼噜的享受声音很快就出现。

脸颊： 用手指轻轻从嘴巴往后抚摸猫的脸颊，尤其是靠近嘴巴和胡须的地方。

◎ 背部

脊椎两侧： 从头部开始，沿着脊椎两侧轻柔地抚摸。很多猫咪喜欢这种感觉。

尾根部： 一些猫咪喜欢尾巴根部被轻柔地抚摸，但也有猫对此比较反感，需要观察自家猫大人的反应哦。

◎ 腹部

谨慎抚摸： 对大部分猫咪来说，小肚子是敏感区，不是太熟的情况下千万不要摸，但是如果它在你面前摊开肚子撒娇，那证明它非常信任你，放心抚摸起来吧。

◎ 四肢

抓起小手掌、小脚丫玩一下可以，但是四肢就不建议抚摸了，因为手感一般，危险却很大。

02 怎么抚摸猫咪更合适？

抚摸的顺序建议从头部开始，经过背部，再到尾部。不熟悉的猫尽量避免抚摸它的肚子、尾巴和脚部，这些部位是很多猫咪的敏感区域。

无论抚摸哪里，请记得两个原则：轻柔与顺毛。所有的抚摸动作都应该轻柔，千万不要用力按压或捏，也尽量不要佩戴首饰，否则夹住了猫毛，对谁都不好。顺着猫咪毛发的方向抚摸，不要逆着毛发，以免炸毛，速度保持适中，不要过快或过慢。抚摸时可以轻声和猫咪说话，增加猫咪的安全感。

如果是新到家的猫，或者陌生猫，建议刚开始时抚摸时间短一些，几分钟即可，让猫感受你的气场、熟悉你的手法。要学会适时停手，如果它开始甩尾巴、耳朵向后、发出低吼声或试图逃走，表示它已经不爽，请立即停止抚摸。如果猫对你的抚摸足够满意，那么它们不仅会舒服地发出呼噜呼噜的声音，还会主动靠近你，用小毛脑袋或用身体不停轻撞你、蹭你，这时候就不要客气，可以充分抚摸猫了。

每只猫咪的性格和喜好不同，有些猫咪喜欢被长时间抚摸，有些则喜欢短暂的触碰。尊重猫咪的个体差异，找到它们最喜欢的抚摸方式。

通过正确地撸猫，可以增强"铲屎官"和猫之间的信任和亲密关系，让彼此都感到轻松愉快与幸福。

使用的猫咪互动工具（玩具）

人有手机，猫也得有玩具，合适的猫玩具和互动工具可以帮助家中"猫大人"保持身体健康，缓解无聊，增强人和猫彼此之间的互动关系。以下是一些常见的猫玩具和互动工具，以供参考。

◎ **逗猫棒**

所有一切带有羽毛、铃铛或其他小玩具的长杆，都可统一称为逗猫棒。"铲屎官"挥动逗猫棒，模拟小动物的动作，让猫猫追逐、扑击，获得捕猎的快感。

注意事项：选择零部件较为稳固，且没有太小的珠子等易吞咽零件的逗猫棒，不要让猫咪直接咬住玩具部分，以免误吞。

◎ **激光笔**

发射红色光点的激光笔，堪称所有猫科动物难以拒绝的王牌玩具，没有一只猫能拒绝激光笔的挑逗。甚至还有人说，去野外森林探险也可带上激光笔，万一遇到老虎、狮子、猎豹等大型猫科动物，可以当逃命工具使用。手指轻轻一按，在地面或墙壁上移动光点，再淡定的猫也会追逐上来。

注意事项：避免激光笔直射猫咪眼睛，激光不要打在容易破碎的物品附近，否则，请准备好收拾破碎残骸。建议时不时地让猫"捕捉"到光点，否则长时间捕猎失败，会让它们产生挫败感。

◎ **玩具球**

一切带有铃铛或填充物、不同表面材质的小球，都可归入玩具球的范畴。来回滚动或扔出玩具球，大部分猫猫会去追逐和拍打球，但这种玩具比较费人力，毕竟猫不是狗，不会自己把球衔回来，还经常把球滚到一些家具或者奇怪的角落，"铲屎官"还得撅着屁股趴在地上自己想办法给弄出来。

注意事项：选择适合猫咪口径的球，避免误吞，定期检查玩具的磨损情况，避免破损的部分被猫咪误食。

◎ **猫薄荷玩具**

前文介绍过猫薄荷这种让猫"醉生梦死"的植物，为了吸引猫的注意力，许多玩具也会填充猫薄荷，如玩具小老鼠、球或软垫等。只要将玩具放在猫容易接触的地方，猫薄荷的气味就会吸引猫咪玩耍。

注意事项：控制使用频率，避免猫咪对猫薄荷产生依赖哦。

◎ 猫爬架

猫的玩具城堡，一种带有多层平台、柱子、绳子、小篮子和玩具的架子，不仅可以提供猫猫攀爬、跳跃的空间，通常还配备有磨爪子的板子和麻绳。

注意事项：选择稳固、安全的猫爬架，定期检查各个部件的牢固性，避免松动或损坏，材质方面，尽量选择没有上漆的木制品，防止有毒气体污染。

◎ 猫隧道

一种折叠式的长隧道，通常带有多个出口，放在地面上可供猫猫钻进钻出，追逐玩具，常见的猫隧道有防水布质地和毛绒质地。

注意事项：定期清洁，避免积尘或异味，观察隧道的磨损情况，防止猫被卡住。

◎ 智能玩具

一切带有自动移动功能的电子玩具，如机器人、机器人球等。猫是天生的捕猎者，对一切在它眼前快速移动的物品都有天然的掌控欲，扫地机器人更新多代，其最佳广告还是一只猫端坐在上面傲视群尘的画面。一个能自行移动的电子玩具，无疑能让家中的猫保持足够的运动量，强身健体。

注意事项：选择安全、无毒材料制成的玩具，不要有尖锐的部分，注意电池盖部分密封性良好。

其实，给猫的玩具，就像给小孩子的玩具一样，尽量选择由无毒、耐用材料制成，且没有小零件容易脱落的。建议定期检查玩具的磨损情况，及时更换破损的玩具，防止猫猫误吞。还有，猫猫也是会喜新厌旧的，最好定期更换玩具，保持它们的兴趣和新鲜感。最重要的一点是："铲屎官"每天安排一定时间与猫猫互动玩耍，毕竟你，才是它们最爱的"玩具"呀。

亲密互动的尺度与注意事项

　　猫很爱你，但它们更爱自由，与它们的亲密互动，就像与一位特立独行的女子或男子相处，你不仅要为对方留出私密空间，还要知进退，时刻理解它们的行为和情绪，以下是一些建议和注意事项：

◎ 把握互动尺度

　　尊重猫的意愿：每只猫都有自己的个性和喜好，不要强迫它们做不喜欢的事情。如果它们表现出不耐烦或不安，如尾巴剧烈摆动、耳朵后倾、发出低吼等，应立即停止互动。

　　把握节奏，循序渐进：刚开始接触时，先让猫咪熟悉你的气味和存在，不要突然接触。可以先轻轻摸摸头部或背部，观察猫咪的反应。

　　使用合适的玩具：使用猫专用的玩具，如逗猫棒、毛球等。避免用手直接逗弄猫，以免被抓伤或咬伤。

　　控制玩耍时间：每次玩耍时间不宜过长，10~15 分钟为宜。过长的玩耍时间可能会让猫咪感到疲惫或不耐烦。

◎ 注意事项

　　避免被抓伤和咬伤：猫的爪子和牙齿可能带有细菌，如巴尔通体（Bartonella henselae），这种细菌会引起"猫抓病"。被猫抓伤或咬伤后，应立即清洗伤口并消毒，必要时就医。

　　避免亲吻：毛茸茸的猫的确让人想一口亲下去，但你要控制你自己，也不要让猫舔你的脸或嘴唇，因为它们的唾液中可能含有多种细菌和寄生虫。也要避免与猫

鼻子对鼻子的接触，以减少感染传染病的风险。

避免接触猫咪的粪便：猫咪的粪便中可能含有弓形虫等寄生虫，尤其对孕妇和免疫力低下的人群有较大危害。没有人会去玩便便，但请记得，猫每次便便完，可是没有擦屁股的，如果那段时间肠胃不好拉稀，附近的猫毛难免沾上不干净的东西。

防止意外伤害：确保家中没有尖锐、易碎或危险的物品，以免在玩耍过程中伤害到猫或自己。

保持良好的卫生习惯：与猫玩耍和互动后要洗手，尤其在人吃饭前。定期清洁猫猫的餐具、玩具和生活环境。

定期给猫做体检：定期带猫咪进行健康检查和疫苗接种，预防疾病的传播，定期给猫咪驱虫，防止跳蚤和寄生虫的感染。

注意过敏反应：对猫毛或皮屑过敏的人群应尽量减少与猫咪的接触，或选择皮屑分泌较少的猫咪品种。如果人出现过敏症状，如打喷嚏、流鼻涕、皮肤瘙痒等，应及时就医。

减少猫接触感染源：避免给猫咪喂食生肉、生鱼等，防止寄生虫感染。

总之，了解猫咪的行为习惯，尊重它们的个性和情绪，是与猫亲密互动和玩耍的关键。通过细心观察和适当的互动，可以增进与猫猫之间的感情，享受快乐的时光。

10

猫咪也能被训练

什么？猫也能被训练？确定不是被它训练我们吗？虽然猫平时看起来总是一副"我行我素、谁都不爱"的样子，但其实它们也能被训练，只不过需要我们付出比训练狗时更多的耐心、时间，并掌握更多的技巧。

日常行为训练

训练猫咪，建议先从以下几类日常行为开始：

◎ 使用猫砂盆

一般来说，使用猫砂盆是每一只猫必备的"基本功"，但有些新手小猫可能需要指导，例如在特别小的时候离开妈妈的小猫，就需要特别训练了。训练前提与流程如下。

提供舒适的环境： 首先，确保猫砂盆放在安静、私密的地方。没人喜欢在嘈杂的地方解决"人生大事"，猫咪也不例外。

引导入盆： 每次猫咪吃完饭或睡醒后，把它轻轻放进猫砂盆。最重要的是关注它的行为，例如它不停地闻地板甚至刨地，那就是它想上厕所的信号，这时候请尽快上手，马上引导它到猫砂盆。

夸奖与奖励：一旦猫猫成功地在盆里解决了问题，记得马上给点奖励——零食、抚摸或者温柔的夸奖，这些都是很好的选择。

使用猫砂盆的常见错误方法如下。

频繁变动猫砂盆位置：猫猫是强调习惯性和领地意识的动物，如果不断地改变猫砂盆的位置，猫会感到困惑，甚至可能找不到猫砂盆。最终结果就是，它们会选择在你不想看到的地方"解决问题"。

没及时清理猫砂盆：每只猫都有洁癖，如果猫砂盆污物堆积成山、无处下脚，它们绝对会拒绝使用，转而在其他地方上厕所。过于脏乱的猫砂盆不仅会让猫咪嫌弃，还可能引发健康问题。

使用香气过于浓郁的猫砂：精致的人们可能喜欢香气扑鼻的东西，但猫的鼻子可是很敏感的，强烈的香味可能会让猫咪感到不适，从而拒绝使用猫砂盆。选择无味或气味较轻的猫砂，更容易让猫咪接受。

严厉的惩罚：当发现猫猫没有用猫砂盆时，有些人可能会大声斥责或打猫猫，企图通过惩罚来纠正它们的行为。然而，这样的行为只会让猫感到恐惧和困惑，并不会明白它们究竟做错了什么，破坏你和猫之间的信任关系。记住，每只猫的心中都有一个叛逆而不羁的灵魂。

使用后猫猫出现了健康问题：如果一直使用猫砂盆的猫猫突然停止使用，故意把便便拉到外面，可能是身体不适或生病的信号，比如泌尿系统问题、便秘或腹泻等。这时候，就别想着训练了，赶紧带它去看医生。

◎ 固定睡觉或休息的场所

猫的想法一般人不太理解，它们总是喜欢挑选各种各样奇怪的地方小憩，例如你的键盘、你的枕头、餐桌边缘，甚至是你的脸（这真是种特别的爱）。为了降低家中各类物品的损耗、保护钱包，我们可以尝试训练它们到指定的地方休息。

设置舒适的小窝： 柔软的垫子或猫窝，放在一个阳光充足（猫都喜欢阳光）、安静的地方，还可以在小窝里放上它最爱的玩具或带有你气味的旧衣物。

用零食引诱： 用猫咪最爱的零食引导它到小窝里，或者放置一些猫薄荷吸引它过去。

每天定时引导： 每天在同一时段（比如你休息的时候），引导猫咪到小窝里睡觉或休息，并给它们一些零食奖励。这个过程可能需要多次重复，久而久之，猫就会习惯在这个时间点去指定的地方休息。

设置禁入区： 可以使用物理障碍阻止猫咪进入某些区域，如关上房门，在床上放硬物或防猫爬垫。猫猫通常不喜欢黏黏的材质，因此还可以在床上或禁区放置双

面胶带、铝箔纸等物品，让它们知难而退。当然，市面上还有一些"猫咪驱赶喷雾"，带有猫咪不喜欢的味道，当然，不是特别"恶劣"的情况，不建议使用这种攻击性产品，毕竟，它可能会记仇。

保持一致性与耐心：这点和教育小孩一致，在训练上，所有家庭成员需要一致遵守规则，不要有时允许猫猫上床，有时又不允许，这样会让它们感到困惑。而且猫咪需要长期的反复训练，不要急于求成。同时，也需要确保猫猫有足够的活动和娱乐空间，给他们提供足够的玩具、爬架，如果家里四处是禁区，那么它难免会因为无聊而试图闯入。

训练猫在固定地点休息时常见错误方法如下。

心软：你刚刚下定决心，再也不让猫上床，但猫用那双水汪汪的大眼睛望着你，甚至在床边轻声"喵"了一下，你意志不坚定心一软，抱起它放到了床上，猫的内心想法："成功上床！原来这样才对！"它学会了如何用无辜的眼神打败你，从此把床当成了新领地。

缺乏坚持：明明长期训练不给上沙发，结果今天来了一堆朋友聚会，忍不住想炫耀下自己的猫，毅然把它抱上沙发让众人撸起来。结果，猫猫会觉得，"咦，看来也不是绝对不可以啊"。于是它对规矩的理解是——没有规矩。

◎ 在合适的地方磨爪子

猫猫需要磨爪子是天性，但总不能让它们把家中的沙发当成猫抓板吧？买回来的猫抓板被猫完全无视，还是觉得皮沙发手感更好怎么办？这时候，训练它们在猫抓板上磨爪子就显得很有必要了。

找到它喜欢的那款猫抓板：市面上有很多不同材质和形状的猫抓板：麻绳质地的、纸皮质地的、木头质地的，还有布做的，猫对一款不喜欢就再试另一款，总会找到自家猫猫最喜欢的那款。

用猫薄荷引诱：猫薄荷对很多猫来说有不可抗拒的吸引力，撒点碎碎的猫薄荷在猫抓板上，它会充满斗志地去想办法抓出来。

奖励正确行为： 一旦猫猫开始在猫抓板上磨爪子，及时给它奖励。夸奖和零食会让它更愿意去那里磨爪子，而不是损坏家中的家具。

训练磨爪子时常见错误方法如下：

用打猫、喊叫或喷水等方式来惩罚猫抓沙发或者抓家具的行为。 虽然这些方式可能暂时能阻止猫咪的错误行为，但会让猫感到害怕和困惑，甚至加剧它们的焦虑，使问题更严重。

忽视了物理防护措施，只寄希望于猫咪自动停止抓沙发。 既要引导，又要阻断，建议使用双面胶带或家具保护膜暂时覆盖猫咪常抓的地方，让猫感到不舒服，从而减少抓挠。

猫猫抓沙发有时是因为无聊、焦虑或缺乏关注。一名合格的"铲屎官"，绝不仅仅是提供食物和水就足够了，还不能忽略猫咪的心理和情感需求。多花时间陪伴猫咪，提供足够的玩具和活动，消耗它们的精力，才能减少它们在家具上发泄精力的机会。

训练猫猫正确的行为方式不是一件一蹴而就的事情，需要有足够的耐心和热情。最后，别忘了——猫是一种充满个性的生物，它们可能会突然决定："今天不想训练了，还是躺会儿吧。" 这时候，我们只需要微笑，然后给它点零食。

玩耍小技能训练

没看错，猫咪也可以学会一些握手、接球、坐下这样的简单指令，尽管它们可能更愿意在自己心情好的时候执行这些指令。想要训练它们，首先得抱着开放与宽容的心态：学会了值得高兴，学不会也不用在意，人还有青春叛逆期，猫不服从指令，也是再正常不过的。想要挑战一下的"铲屎官"们可以尝试以下方法。

◎ **握手**

目标： 训练猫在你伸出手时，用爪子触碰你的手掌。能握到毛茸茸的小爪子是人生一大幸事啊，还是猫主动伸出来握，光是想想就兴奋！

训练步骤：

● 坐在猫猫面前，轻轻抬起它的一只爪子，说出"握手"或类似的简短指令。此处要记得，指令每次都要一样，而且简短，不要无谓地加戏，例如"小可爱，把你的小爪子伸出来我们握一下好不好"这种长句子。

● 一旦猫的爪子碰到你的手掌，立即给予奖励（零食或表扬）。

● 重复这个步骤，每次都伴随明确的口头指令"握手"。

● 多次重复后，尝试仅使用口头指令或手势，而不主动抬起猫的爪子，等它主动伸手。

注意事项：

● 每天进行几次短时间的训练，逐渐增加猫猫的反应速度和准确性。

● 作为奖励的零食一次不可以给太多，否则甭管训练结果如何，都可能收获一只需要减肥的大胖猫。

◎ 击掌

目标： 训练猫在你抬起手掌时，用爪子轻拍你的手掌。这个动作是握手的进阶版，需要猫有一些悟性。

训练步骤：

- 轻轻抬起你的手掌，靠近猫的脸部位置，但不要触碰它。"有悟性"的猫会抬起爪子想要挠你，你主动迎合过去，然后给出指令"击掌"。

- 当猫掌击中的时候，立即给予零食奖励。

- 多次重复训练，让猫见到你抬起手给出指令的时候，就主动伸手击掌，随后逐渐减少零食诱导。

注意事项： 训练前记得给猫猫剪指甲，不然伸掌变成伸爪子，那就悲剧了。

是要击掌吗？

◎ **捡球**

目标： 训练猫像狗一样捡球并把它带回来。没看错，捡球不仅仅是狗子的专长，有些天赋异禀的猫通过训练也能做到，想知道家中的猫是不是天选之子，可以按下面的步骤试试。

训练步骤：

● 首先选择轻便、易抓，且猫猫感兴趣的小球或老鼠玩具，先用手在猫面前晃动玩具，让它产生抓捕的兴趣。

● 当猫对玩具产生兴趣时，将球轻轻扔出去。

● 如果猫只是追逐玩具，但不带回，尝试用零食或猫喜欢的玩具来引导它带回来。

● 当它成功将球带回来，不要吝啬表扬与奖励，并且立即重复多次，让猫明白拿回玩具能得到奖励。

注意事项：

● 如果在扔出玩具的时候，猫根本不去追逐，尝试更换一个玩具。

● 如果猫追逐出去，但不会带回来，只是撕咬一顿就跑的话，记得一手指着玩具，一手摇晃零食，让它把二者联系起来。

◎ **转圈**

目标： 训练猫绕圈旋转。这个训练内容看起来很奇怪，但确是猫猫天生就会的本领，例如它总是咬着自己的尾巴转圈圈，不亦乐乎。

训练步骤：

● 用零食在猫的鼻子前吸引注意，给出"转圈"或者类似的指令，然后缓慢地引导它跟随零食绕圈。

● 当它顺利转一圈后，立即给予奖励。当猫能够理解指令后，逐步减少零食的引导，直到只用口令和手势即可让猫转圈。

一次不要训练太久，不然你和猫之间会有一位率先头晕。

◎ 跳跃

目标： 训练猫跳过障碍或跳到指定位置。这个技能如果训练不来，绝对是"是不为也，非不能也"的典型写照。

训练步骤：

- 将玩具或零食放在你希望猫跳到的地方，比如桌子或椅子上，一开始注意不要设定太高的高度。

- 轻轻拍打目标表面，并用手势和指令"跳上来"或者类似的简短指令鼓励猫跳跃。

- 当猫成功跳跃时，立即给予奖励。

- 随着成功跳跃到指定位置的熟练程度增强，可以逐步提升高度。

- 可以设置小型跳栏或类似的简单障碍物，让猫猫学习跃过障碍物。

注意事项：

注意跳跃目的地平稳，不要有危险物品，或者发出刺耳的声音。障碍物要尽量柔软，免得误伤猫。

正如本章开头介绍的，训练猫猫是一件锦上添花的事情，"铲屎官"们切勿抱着"恨铁不成钢"的心态，不要用力过猛，尽量注意以下几个方面。

保持耐心： 每只猫的个性不同、学习的速度不同，重要的是保持耐心，逐步引导。

训练时间不宜太长： 猫猫就像小孩子，注意力持续时间有限，每次训练控制在5~10分钟。

正面鼓励： 多使用奖励（如零食、玩具、赞美）来强化正确的行为，避免惩罚，无论是口头还是体罚。

尊重猫的意愿：勉强没幸福，如果猫表现出厌烦或不感兴趣，适时停止训练并给予放松时间。

我们并不是为了炫耀猫猫才对它们进行训练，也不是为了让它们取悦谁，而是为了让猫猫与主人之间的互动更加丰富，帮助它们消耗精力，减少"拆家"行为，所以，顺其自然，享受过程就好！

带猫遛弯

什么？带猫遛弯？这不是异想天开吧？凡事没有绝对，在合适的条件下，带猫遛弯是可以的，但与遛狗相比，有更多的准备工作和注意事项。

◎ 环境挑选

和遛狗相比，环境的选择是遛猫首要考虑的问题。和狗狗比起来，猫猫更害怕惊吓和过于空旷的环境，如果你想带猫猫到车水马龙的大马路边上溜达，我劝你放弃，这样不仅会吓到猫猫，还容易引发事故。合适遛猫的地方是安静的场所，没有过多的人流，没有狗，没有轰隆而过的汽车，而且，还要仔细留意，区域内有没有可能会伤害到猫咪的危险物品，例如玻璃碎片、毒性植物或其他可能的危险物。

◎ 观察及了解猫猫的个性与身体情况

不是所有的猫都适合遛弯，如果家中的猫猫平时就是性格较为胆大、好奇且较为放松的，那么它会更适合外出遛弯。如果性格是比较胆小或对新环境特别敏感的猫猫，那就不要勉强它外出了。

而且，要确保猫的健康状况良好，例如已经接种完所有的必要疫苗，并且做好了体外驱虫和防蚤工作，不然出去遛弯，猫很容易感染到其他的疾病哦。

◎ **准备好充足的装备**

请选择专门为猫咪设计的背带和牵引绳，而不是狗用的，因为背带需要贴合猫咪的身体，才能确保安全舒适。首次使用时，先让猫咪在家中适应一段时间。此外，建议带上外出包或便携式猫笼备用，以防猫猫在外出时感到不安，或遇到突发情况时可以安全地把它带回家。如果打算外出较长时间，记得携带足够的水和食物。

◎ 提前进行遛弯训练

在正式外出遛弯前，可以先让猫猫在室内熟悉背带和牵引绳，逐步延长佩戴时间，观察它的反应。首次外出时，选择安静、人少的环境和时段，而且时间不宜过长。外出时要密切观察它的反应，如果出现明显的紧张或焦虑，就及时返回安全的地方。逐步增加外出时间和活动范围，让猫猫慢慢适应户外环境。

◎ 遛弯后的处理

遛弯回家后，务必仔细检查猫猫身体是否有抓伤、寄生虫或其他异常。如果猫在外面玩耍时接触了泥土或草地，可以用湿巾轻轻擦拭它的爪子和被毛，保持清洁。

◎ 其他注意事项

遛弯过程中，如果遇到突发状况，例如突然的声响音或其他动物，不要慌张，蹲下安抚猫咪使其保持冷静，确保它不会因受到惊吓而试图逃脱。猫咪皮肤娇嫩，也需要注意避免长时间暴露在强烈阳光下，尤其是在炎热的天气中。

带猫遛弯是一件需要耐心和细心的事，尊重猫咪的个性和舒适度非常重要。如果你家的猫猫适应外出并乐在其中，这将会是一段愉快的体验，反之，则不要勉强，就让它安心快乐宅在家中吧！

11

猫咪出门干货指南

　　无论家中的小猫多么不爱外出，但猫的一生中，总免不了要外出，例如体检、打疫苗、看病就医等，而带猫出门，绝不像带狗子出门一样，绳子一拴，它就会屁颠屁颠跟在你身后，欢快地跳上臂弯或者直接跳上车，摇着尾巴顺利到达目的地。带没有出门习惯的家猫出门，莫过于一场战争，随时人仰猫翻，有些胆小的猫猫严重时还会产生应激反应，出现例如心率过快、气喘过促的情况，所以，在带猫外出之时，做好万全的准备必不可少。

猫包猫箱的选择

　　带猫外出的容器有多种类型，各有其功能特点和适用场合。以下是市面常见的几种带猫外出容器，以及各自的特点及使用场景。

◎ 猫咪背包

　　猫咪背包算是最常见的带猫外出的容器，大部分采用网状设计，透气性能好，部分背包还配有透明窗，好奇心强的猫猫能看到外面的景象，减轻焦虑。猫咪背包便携性也强，背负式设计还能大大解放主人双手。

适用猫猫：适合体型较小或中等、好奇心较强的猫，喜欢观察外界的猫会感到舒适。

　　适用场合：短途旅行、城市漫步、户外徒步等。

　　挑选建议：

- 尽量选择坚固、背负舒适的背包，特别是肩带设计要能分散重量。

- 透气性要好，检查网格材料是否结实耐用。

◎ 便携式猫笼或航空箱

　　便携式猫笼或航空箱最大的优点是安全性高，结构坚固，能为猫猫提供良好的保护，而且封闭性强，可以减轻猫咪因外界环境变化产生的恐惧感。因为空间相对较大，还能作为猫猫的临时住所或者休息区。

　　适用猫咪：适合体型较大的猫，或较为胆小、容易受到惊吓的猫猫。

　　适用场合：长途旅行、乘坐飞机、火车或汽车，以及去宠物医院等需要长时间稳定环境的情况。

　　挑选建议：

- 根据自家猫猫的体型选择合适的尺寸，确保猫猫在笼子或箱子内部有足够的活动空间。

- 检查笼子的锁扣是否牢固，底部是否防滑，以确保安全。

◎ 手提宠物包

　　与航空箱相比，手提包更轻便，便于携带，通常有多个通风口，平时在家中也方便折叠收纳，方便储存。但手提包由于底部较为柔软，一些体重过大，或者过于活泼的猫会因为缺少支撑，而在包内四处乱动，表现出躁动。

　　适用猫咪：适合性格温顺、体型较小或中等的猫咪。

适用场合： 短途旅行、逛街等不需要长时间外出的情况。

挑选建议：

- 确保包的材质结实耐用，底部有支撑结构。

- 手提部分要舒适耐用，便于长时间携带。

◎ **宠物推车**

宠物推车堪称移动的城堡，内部空间大，猫猫可以在里面自由活动或躺卧，而且保护性强，下雨刮风都不怕，适用于各种天气情况。而且推车的轮子设计使其易于在不同地形上行驶，减轻"铲屎官"的负重。

适用猫咪： 适合体型较大、年老或行动不便的猫咪，或特别胆小的猫咪。

适用场合： 长时间外出、逛公园、集市或宠物展览等。

挑选建议：

- 检查推车的稳定性，轮子是否顺滑，是否有良好的避震功能。

- 内部空间要足够宽敞，同时要有安全带或固定装置防止猫咪跳出。

无论选择哪种外出容器，在挑选中都得注意以下几点：

- 帮助猫猫进行适应训练：无论多完美的箱包，猫猫都需要一个适应的过程。可以先在家中让它们先逐步熟悉容器，自由进入箱包内玩耍，熟悉内部环境，再用箱包带它们尝试短时间内外出，逐渐延长外出时间。

- 确保无异味无锋利零件：确保容器内部干净、无异味，检查里面有没有锋利的零件，建议在底部可以垫上柔软的垫子，让猫猫感到舒适。

- 检查安全性：外出前检查容器的锁扣和拉链，确保受惊吓的猫猫不会轻易逃脱。

- 配合天气使用：根据天气选择合适的容器，避免猫猫在过热或过冷的环境中长时间滞留。

- 配合外出时间使用：根据外出时间的长短、场合来选择最适合的容器，兼顾猫猫的安全和主人的方便，因为主人开心，宠物也会更开心！

坐车出行

带猫坐车出行，无论是坐私家车还是公共交通工具，都需要特别注意，确保猫咪的安全和舒适。

◎ 带猫坐私家车出行

安全第一： 千万不要以为在车内时光无聊空虚，它也跑不出去，就让它在车内自由活动。想象一下它突然跳上大腿，让受到惊吓的你突然踩错油门，或是它突然躲在刹车下面不出来，遇到紧急情况，刹车就是踩不下去，多可怕。此外还可能出现猫抓座椅靠背、咬安全带等常见行为。带猫坐私家车，一定要放在宠物笼、宠物背包或其他合适的容器中，切勿让猫猫在车内自由活动，并且将猫笼或猫包，用安全带固定在座椅上，以防车辆急刹时滑动，保护猫猫的安全。

确保环境舒适： 保持车内的温度适中，避免车内过冷或过热。炎热天气里，切勿将猫猫单独留在车内，自己下车买东西，因为车内温度会迅速升高，可能导致娇弱的猫猫中暑。

防晕车： 很多猫猫会有晕车的情况，表现为流口水、呕吐、无精打采等。出发前避免让猫猫吃太饱，如果猫曾经发生过严重晕车情况，可以找兽医要点晕车药物。

定期休息： 如果是长途旅行，需要定期停车，让猫猫能在安稳的环境下透透气、喝点水，但尽量不要放出车外，以免它们逃跑或者受惊。在长途旅行前，最好让猫猫先进行短途旅行的练习，帮助它们逐步适应车内的环境。

必需品准备： 猫猫的水、食物以及清洁用品，笼子里可以放它们熟悉的毯子、小玩具，甚至可以在途中播放轻柔的音乐。

◎ 带猫坐公共交通工具出行

提前了解规定： 不同城市、不同的公共交通工具（如地铁、火车、公交车、飞机等）对携带宠物的规定不同。出行前一定要提前查询相关规定，确保带猫上车的流程顺畅。尽量避免高峰时段出行，因为高峰时段的公共交通工具通常很拥挤，这会让猫猫感到压力倍增。尽量选择人流较少的时段出行。

使用合适的容器： 猫咪必须放在封闭式的宠物背包或便携笼中，以避免它受到惊吓或对其他乘客造成不便。同时也要确保容器的通风透气性能，避免因为空气流通不畅导致的意外。

舒适与安抚： 公共交通工具上的噪声和人流可能会让猫猫感到不安。可以在背包或笼子里放置它熟悉的物品（如玩具、毯子），或者用兽医推荐的宠物专用安抚喷雾，帮助它保持平静。建议与邻座乘客保持良好沟通，避免因猫的存在引发不必要的矛盾。如果猫猫表现得特别紧张，可以用一块布或罩子盖住容器，减少外界刺激。

控制饮食： 与私家车出行一样，出发前不要给猫咪喂食太多，避免晕车（晕机）导致的不适。

放松心情，把带猫出行当作一场彼此之间的"小度假"，只要做好准备，确保猫安全、舒适和情绪稳定，相信它也会像你一样乐在其中！

与其他宠物友好相处

作为"独立星人大王"，"喵星人"表面上习惯了独来独往谁也不爱，但其实，它们内心也会欢迎合适的玩伴，无论是家中有其他的"原住民"，猫咪作为新住户加入，还是让新来的其他宠物和家里的猫友好相处，都需要一些技巧和耐心。

◎ 让新来的猫猫融入"原住民"

隔离期：猫对任何生物的信任建立，都需要较长的时间。本来就进入一个新的环境，还要面对新的舍友，要给予它们充分的时间。刚把新猫带回家时，最好先让它在一个单独的房间里待几天，让它熟悉环境，感到安全。同时，也要密切观察"原住民"宠物的反应。新成员的加入及环境的改变可能会引发"原住民"猫咪和其他宠物的应激反应。可以通过门缝或特制的隔离网让它们逐步熟悉新猫的存在，之后再安排在有安全隔离措施的情况下见面，例如隔着笼子或栅栏，以便双方逐步适应彼此的气息和存在。

熟悉体味：交换猫猫和旧宠物的玩具、小毛毯，让它们通过气味熟悉彼此，猫咪非常依赖嗅觉，这能帮助它们降低对对方的敌意。

初次见面：第一次见面难免紧张，建议安排短暂的时间，而且要确保双方都有可以撤退的路线，避免因空间狭小引发的紧张感。例如选一个开阔的空间，同时，"铲屎官"在一旁准备好玩具和零食，分散它们的注意力，同时也准备好喷雾瓶或能发出声响的逗猫玩具，必要时用来打断它们的对抗。主人的情绪对宠物的影响也很大，初次见面时尽量保持冷静和自信，宠物们也能减少紧张情绪。

逐渐增加互动时间：随着见面次数增加，逐渐延长它们相处的时间。观察它们是否表现出放松或好奇的姿态。尝试用玩具让它们一起玩耍，互动游戏可以帮助它们建立积极的关联。

给予独立空间：动物都有领地意识，家中的猫也是，确保每只猫都有自己的领地，例如各自的睡觉、进食、排便的区域，减少它们争夺资源的机会。注意给宠物们设置高低位，通常来说，猫喜欢高处，狗喜欢低处，根据它们的喜好分别设置区域，才能打造和谐家庭。

◎ 如何预防打架

按照以上的步骤让宠物们互相熟悉，需要时间、耐心与理解，在过程中，我们不能忽略家中的"原住民"，保持对它们的关注，才能避免因嫉妒而产生负面情绪。还要特别细心观察它们之间的行为，及时发现和应对可能出现的冲突或打架。提前识别打架的迹象，注意看猫猫是否有拱背、毛发竖起、耳朵后缩、尾巴快速摆动等迹象，这些都是打架前的征兆。如果看到这些信号，应立即分开它们。

避免强制互动：如果发现它们对彼此还保持警惕，不要强制它们互动。逐步引导、减少压力，给它们充分时间适应。

利用工具打断冲突：当发现冲突即将升级时，可以通过拍手、发出响亮的声音或者使用响声设备（如铃铛）来打断它们的注意力。如果冲突升级，迅速用不易抓坏的物体（如垫子、盖子）隔开它们，但要避免用手直接分开，以防受伤。

寻求专业指导：如果宠物之间的打架行为无法通过日常调整解决，就得考虑寻求专业训宠师的帮助。有时打架行为可能与健康问题有关，如疼痛、疾病或激素失调。及时咨询兽医，排除健康问题。

◎ **猫猫打架后的护理**

如果一不小心，猫猫真的跟别的猫或其他宠物打架了，也要积极地及时处理，以防止进一步的创伤。

检查伤势：在猫猫冷静下来后，仔细检查它们的身体是否有明显的咬痕、抓痕、出血或肿胀。有时候毛发可能掩盖伤口，所以要仔细摸索查看。同时也要观察它们的行为，如果打架后表现出异常的行为，如跛行、舔舐特定部位、躲避或对你变得异常警惕，可能意味着有内伤或疼痛。

及时处理伤口：如果只是轻微的抓伤或咬痕，可以用温水轻轻清洗，然后用消毒液（如稀释过的碘酒）清理伤口，避免感染。如果伤口很深或有明显出血，立即联系兽医进行专业治疗。咬伤过深可能会导致感染甚至脓肿，需要尽早治疗。

后续处理：观察、安抚和防止再度打架。

观察及安抚：打架可能会导致猫情绪上发生变化，如变得紧张、攻击性增加或变得过于害怕。观察它们是否有不愿进食、藏匿不出、打喷嚏、眼睛有分泌物等症状。如果猫猫与其他宠物之间的紧张关系没有缓解，可能需要进一步的行为干预。短时间内避免在打架后再次接触，以免引发新的冲突。还可以使用安抚性喷雾或扩散器（如费洛蒙类产品），帮助猫咪缓解紧张。同时，给予它们更多的关注和关爱，提供舒适的环境让它们感到安全。

找出打架的原因：找出打架的诱因，例如是因为争夺领地、食物、玩具，还是因为猫猫感到受威胁。了解原因后，可以采取相应措施减少冲突的发生。如果是空间问题，可以增加猫咪的垂直空间（如猫树、架子等），提供更多的躲避点和独立区域。确保每只猫咪都有自己的私密空间。如果是喂食问题，可以增加不同的喂食点和领地，确保资源分配到位。

拒绝惩罚：千万不要惩罚打架的猫咪，因为这可能会加剧它们的紧张感和攻击性，反而适得其反，应该以温和、正向的方式引导它们的行为。猫猫之间，或者与其他动物之间的关系恢复需要时间，特别是在发生打架之后，请给予它们足够的时间和空间去重新建立信任，不要操之过急。

猫是敏感的动物，保持家庭环境的和平，需要"铲屎官"们持续的努力！猫也会用它们毛茸茸的脸蛋、可爱的小掌子，给每一位尽心尽力的"铲屎官"爱的抱抱。

通过这些步骤，你可以帮助新来的猫咪和其他宠物慢慢适应彼此，最终建立起和谐的家庭氛围。和谐家庭的关键在于耐心和理解，给予它们足够的时间和空间去认识对方。

猫，不只是宠物，更是家人

　　每个孩子小时候都想要拥有一只宠物，童年的我也不例外。从我有记忆开始，家中就有一只橘色的田园猫做伴，但也许是习惯了它的存在，并没有把它当作特别宝贝的宠物，就只是当作家里的一个存在。4 岁搬家的时候，它不愿意挪窝，每次都倔强地从新家步行四五公里，回到旧房子里，在小巷子门口流浪，等熟悉的邻居时不时喂它一顿饭。我们返回去抱走它几次，它都想办法偷偷溜回去，久而久之，我们也知道不能勉强，就此作罢。

　　那个年代养猫的人，不懂封窗，不懂植入芯片，更不懂绝育手术。在我幼小的心里，隐约只记得：猫是很倔强的动物，而且不亲人，我们对它这么好，它怎么就不愿意跟我们搬家呢？猫真是倔强又独立，还是狗狗比较忠诚。

大学毕业后工作后有了自己的房子，终于圆了童年的梦想养了一条狗，还信誓旦旦说要狗狗陪我谈恋爱、陪我结婚和生孩子，没想到一次意外狗狗离开了这个世界，泪流满面送它去火葬场的时候和自己说：这辈子再也不养宠物了，因为承受不了离别之痛。

　　就这样过了几年，工作与生活进入瓶颈期，情绪上长期低落，总觉得身边缺少了什么，家人和我说："狗时刻离不开人，你要不养只猫吧？猫比较独立，也不需要每天溜达，哪怕某天走了，应该也没有那么伤心。"这话虽然没啥逻辑，却被记在了心上，某次机缘巧合，遇见了一只混血折耳猫待收养，右眼有泪痕，耷拉着的小耳朵里面脏兮兮的，毛发也乱糟糟的，但那对圆圆的大眼睛望着我，喵喵喵地叫，于是我没有多想，就把它抱回了家。

　　因为小时候家里有猫，内心总觉得养猫比养狗简单，并没有做太多的准备工夫，没想到猫猫回家后第一周，就让我措手不及了好几次。

　　首先是便便，回家第二天，小猫开始拉肚子，还不会用猫砂，清洁完没几天的耳朵，又出现了脏兮兮的黑油脂，泪痕的情况也更严重了。赶紧带去宠物医院，结果肠胃炎、结膜炎、耳螨，一样没落下。那次之后，我就和宠物医院的医生做了朋友，从头开始学习照顾猫猫的点点滴滴，从简单的吃住行，到保健互动……猫猫也开始逐渐圆滚，长成了一只 10 斤重的"小毛球"。我开始享受有猫的快乐日子。

　　然而，正当一切顺利的时候，我被突然派往几百公里外的城市工作。几乎没有过多的考虑，我就决定带上它一起去。一人一猫，就这样过上在异乡的生活，小小的出租屋里，猫猫该有的东西都配备齐全。尽管它不会像狗狗一样每天在门口摇着尾巴等我，也不会围着我不停转圈圈讨吃的，但每天晚上，我们抱着挤在仅有的一张椅子上看书，夜里，它就趴在离床头不远处的猫窝，我们听着彼此的呼噜声入睡。冬天，它把脑袋钻进我的臂弯；夏天，我给它梳理多余的绒毛、清洁耳朵；节假日，一起开车回家，我坐主驾驶位，它坐在副驾驶的猫包里一起看风景。

这种恬淡而平静的陪伴，让我身心健康地度过了异地那两年孤独的漂泊生活。直到有一天，它突发心脏病离开了人世。猫猫离开的那天，我明白"猫走了不会有狗狗走了那么伤心"是错误的，心脏似乎被挖空了一半，那种悲痛的感觉绝不亚于狗离开的那天，甚至有过之而无不及。

在我伤心欲绝两个月后，家人又送给我一只小猫，和原来的猫猫一样有着灰色的毛发、金色的大眼睛，但是性格更加调皮活泼，每天上蹿下跳地宣告着自己的存在。新成员的到来让我慢慢缓解了伤痛，我又重新开启了下班就往家里赶、囤货就囤猫砂猫粮的日子。它陪着我装修房屋，陪着我怀孕，陪着我宫缩阵痛，陪着我坐月子，陪着孩子学走路，陪着孩子玩过家家、看书，陪着孩子一天天长大，陪着我成熟，一直到它离开的那一天。抱着它温热的身体，最后一次摸它顺滑的毛发，看着手机里上万张照片、一段段玩耍互动的视频，都是它信任、依赖、保护、爱我的印记，它见证了我生命中许多重要的时刻，最后变成天上的星星继续照耀着它爱的一切。

也许，猫儿带给我们的感情，看上去不如狗狗那么浓烈，但它们以自己独特的方式陪着我们、爱着我们。这种爱，独特、钻心、隽永且绵长，伴随着猫主人度过生命的每一个阶段。

机缘巧合之下，听闻本书策划编辑关于"养猫达人分享全攻略"的稿件邀约，这让我回忆起多年来与猫咪相伴的时光，我赶紧自告奋勇，想要把我的经历与大家分享，更重要的是，希望能够唤起养猫者对猫咪的重视，将它们当作家人去爱与呵护。写作过程中，我渐渐意识到，猫早已成了我生命中不可或缺的部分。它们教会了我许多，也带给了我无数温暖的瞬间。希望通过这本书，让更多的人懂得如何照顾猫咪，明白猫不仅仅是宠物，更是家人。希望每一只猫咪都能被当作家人一样珍爱，每一个养猫的人都能感受到那份细腻而深远的爱。

养猫是一件正经事！

谨以此书，献给在不同时段陪伴我和家人成长的小黄、咪咪、Jerry、Jimmy，愿你们在"喵星"欢乐、自在。

古晓燕

2024 年 9 月